El fascinante mundo de la Física

Un viaje a través de las leyes y los conceptos de la Física clásica y moderna

2da Edición

Pablo Vaz

Prólogo de Diego Díaz

Dedicado a mi esposa Isabel y a mis hijos Emanuel y Rafael,
ustedes son la razón de mi vida.

AGRADECIMIENTOS

Quisiera agradecer en primer lugar a mi familia, que siempre me brindó su constante apoyo para escribir este libro. A mi esposa Isabel Raimón y mis hijos Emanuel y Rafael, porque supieron comprender y respetar el tiempo que no he compartido y disfrutado con ellos para poder escribir, brindándome en todo momento cariño y amor. Isabel, además de una excelente esposa, ha sido una gran compañera en esta aventura que emprendí, ayudándome en todo momento a que este libro tenga un formato más agradable. Además, sus aportes como educadora, han sido una gran fuente de inspiración e ideas.

A mis padres Julio y Gladis, que siempre me enseñaron el valor de amar y servir a los demás, el mejor aprendizaje que uno puede adquirir de sus padres. A Daniel, Romina y Diego, por ser unos excelentes y cariñosos hermanos y unos grandes compañeros de vida.

A mis amigos, Gabriel Sena y Cleber Caballero, por hacerme sentir siempre, que la Física era interesante, por escucharme y valorar nuestra amistad y por compartir momentos y charlas tan agradables a lo largo de toda la vida.

Al profesor Diego Díaz, autor de "Entre las galletas radiactivas y la máquina del tiempo", así como de varios libros de Física y Astronomía, que tuvo la gentileza de realizar una lectura y corrección del libro, así como sugerirme valiosos aportes, sin mencionar el emotivo prólogo que escribió. Diego ha sido un referente académico para mí y un gran compañero de trabajo de quien he aprendido mucho a lo largo de estos años.

A mis profesores de Física de secundaria, que supieron motivarme y presentarme esta hermosa ciencia de forma interesante y curiosa: Juan José Gramont, Germán Baldo, Ma. Emilia Varela, Edison Dotta y Mario Rodríguez.

A mis profesores del CeRP del Este (Centro Regional de Profesores del Este), que supieron transmitir su pasión y profesionalismo dando siempre, el mejor ejemplo a seguir como docentes. Vaya mi más grato reconocimiento para Diego Díaz, Alejandro Parrella, Mónica Esquibel, Ma. Elena Guedes, Cristina Maciel, Teresita Rosas y por supuesto a la genial Marisa Cubas que siempre estará en mi memoria.

A mis compañeros de generación 2003, que se transformaron en grandes docentes y de quienes aprendí mucho a lo largo de los tres años en los que compartimos intensas experiencias en el CeRP del Este. Agradezco especialmente a mis compañeros Jorge Barría, Rodrigo Aldrovandi, Ramiro Lago, Natalia Montañés, Mariana Massolo, Eduardo Corbo, Geovana Sánchez, Diana Viña, Víctor Corrale, Diego Mónaco y al alma del grupo Daniela Sardeña.

A Mario Bunge, Gustavo Klein, Eric Mazur, Martín Monteiro y Pablo Mora, por brindarme el honor y tomarse el tiempo de responder a unas preguntas, dándome su aliento y apoyo para seguir adelante con este trabajo. Ha sido muy importante para mí, contar con sus palabras, que en forma de homenaje y reconocimiento, quise incluir en este trabajo. Agradezco la gran lección de humildad y grandeza que aprendí de estas maravillosas personas.

A Franco Chápores, un gran colega y amigo, que solo por amor a la Física, se tomó el tiempo de realizar una profunda revisión de la primera edición sugiriéndome cambios y corrigiendo errores que sin dudas harán de esta edición más amena y disfrutable.

A mis alumnos, que han sabido muchas veces, valorar mi trabajo y expresar, ya sea con una simple sonrisa o hasta con sus frustraciones, el grado de compromiso con mis clases. Este libro esta principalmente basado en el trabajo con ustedes y ha sido fruto de muchos de mis cursos de secundaria y formación docente.

A mis colegas, compañeros y referentes de educación secundaria y formación docente. A los compañeros del Liceo Departamental de Maldonado, Liceo Punta del Este, Instituto Hermanas Capuchinas, Woodside School, Instituto Aletheia y CeRP del Este.

Gracias a todos por acompañarme y ayudarme a crecer como profesor y como persona.

Y gracias a ustedes: Iria, Maruja, Julio y Rulo, por haber sido junto a mis padres, grandes maestros de la vida. Sus enseñanzas se mantienen vivas y más vigentes que nunca.

Con el abuelo "Rulo" Segovia, 6 de Setiembre de 1986

PRÓLOGO

Conocí a Pablo Vaz en la prueba de ingreso al Centro Regional de Profesores del Este (CeRP), a comienzos de 2003. Obtuvo el puntaje más alto en toda la categoría de ciencias naturales (Biología - Física - Química). Ese día supe que tendría un estudiante de muy buen nivel en mi curso del seminario de Física general para primer año, y tuve razón.

Dos años más tarde, volví a tener a Pablo como estudiante en mi curso de Física Moderna. Su desempeño fue excelente. Además del curso, compartimos ese año (2005), numerosas actividades de divulgación por el año internacional de la Física. Fue una tarea exitosa, desarrollada en equipo, con la mejor generación que egresó del CeRP del Este mientras yo trabajé ahí.

Algunos años después, nos volvimos a encontrar con el profesor Pablo Vaz en el Liceo Departamental de Maldonado. Desde entonces, trabajamos juntos en forma armoniosa. Hoy compartimos los cursos de Física para la orientación artística, así como cursos de Bachillerato para educación de adultos.

No tengo dudas de que las cosas suceden de cierta manera porque así debe ser. Pablo podría haber sido un excelente investigador, pero el destino lo volcó hacia la docencia. En otras partes del mundo, las cosas son diferentes. Generalmente, una persona se titula, investiga y dicta algunos cursos alguna vez. Por otra parte, en Uruguay se estudia para ser docente, aparte de la investigación. A mí también me sucedió algo parecido, y sinceramente no me arrepiento.

Al escuchar a Pablo cuando dicta sus clases, sigo viendo en él, el mismo entusiasmo que tenía en los primeros años de trabajo. Él, es docente de vocación. Los alumnos que pasan por nuestras aulas son los mejores árbitros de nuestra labor, y todos ellos comentan lo bien que explica el profesor Pablo Vaz.

Este libro, es una gran síntesis, que presenta con rigurosidad, los conceptos de toda la Física en general. Me agrada su formato y su ordenamiento. Es una guía de consulta, que vale la pena tener.

Por último, se percibe la inspiración que han logrado sobre Pablo Vaz, las clases del profesor Walter Lewin, quien ha influido significativamente en muchas personas.

Ojalá, este trabajo le sea útil a muchos estudiantes, colegas y lectores que desean buscar de forma ágil y amena, información sobre los temas tratados en Física.

¡Buena lectura! ¡A disfrutar de este trabajo!

Diego Díaz Grossy

Maldonado, Setiembre de 2015

CONTENIDO

14

SOBRE EL AUTOR

Pablo Vaz nació en Maldonado, Uruguay en 1981. Estudió Física en la Universidad de la República y Profesorado de Física en el Centro Regional de Profesores del Este (CeRP), graduándose de esta institución en el año 2005.

Desde entonces se ha desempeñado como profesor en enseñanza secundaria, educación de adultos y formación de profesores.

Ha dictado además, cursos presenciales en encuentros nacionales e internacionales, enfocados en la enseñanza de la Física, y la utilización de entornos virtuales de aprendizaje, así como la elaboración de material audiovisual para la enseñanza de esta disciplina.

Vive en Maldonado con su esposa Isabel y sus dos hijos, Emanuel y Rafael.

Emanuel, Rafael y Pablo – Punta del Este, Febrero de 2015

INTRODUCCIÓN

Desde muy pequeño sentí fascinación por la Ciencia. Cuando descubrí que existía una disciplina llamada Física y los conceptos que se estudiaban en ella como Tiempo, Espacio, Energía y Materia, no pude dejar de sentir curiosidad por aprender más sobre este mundo apasionante. Durante toda la secundaria, mi interés por la Física no hizo más que crecer y la idea de convertirme en Físico quedó bien definida cuando culminé el bachillerato.

Sin embargo, cuando comencé mi carrera de Licenciatura en Física en la facultad de Ciencias, me encontré con una realidad académica que me dejó perplejo. Luego de haber cursado con éxito mis estudios secundarios, creía que ir a la Facultad sería un trámite más, un pequeño tramo que me separaría de mi sueño de convertirme en Físico.

No obstante, quienes han experimentado el enorme desafío de llegar del interior del país a la gran capital y congeniar las horas de estudio con el trabajo, saben lo sacrificado que es llevar cualquier carrera adelante. En mi caso, fue un total fracaso. Al terminar mi jornada académica, y mientras mis compañeros formaban grupos de estudio para resolver problemas y estudiar en la biblioteca, yo comenzaba mi jornada de 8 horas como auxiliar en un restaurante de comida rápida. Al salir del trabajo, la energía que me quedaba para estudiar y cumplir con las tareas, era tan escasa que rápidamente conocí la sensación de encontrarme absolutamente perdido.

Evidentemente, mi experiencia fue tan intensa como breve, y en mucho menos de lo que esperaba, me encontré volviendo a la casa de mis padres con la sensación de que la Física no era para mí, y un golpe en mi orgullo como estudiante que aún duele. De todas formas, aprendí en ese entorno, lo estimulante que era compartir con el resto lo que uno iba aprendiendo, es decir, se fue gestando en mí el gusto por enseñar. Intenté por un año, alejarme del mundo académico y de la ciencia que tanto me gustaba. Busqué oportunidades en el ámbito empresarial, en el dibujo, alguna de las otras disciplinas que me gustaban, no obstante sentía que nada me llenaba como la Física. Así que en el año 2003, decidí anotarme en el recientemente creado Centro Regional de Profesores del Este (CeRP), para cursar la carrera de profesorado de Física.

Al principio tenía la sensación de que me estaba conformando, ya que lo que realmente me hubiese gustado ser era científico y no profesor, pero al entrar al CeRP, un universo totalmente distinto se abrió ante mí. No puedo decir que mi vocación inicial fue ser profesor, pero sí puedo decir que aprendí a valorar, respetar y querer mi profesión.

Ser profesor de Física, no solamente me brindó la oportunidad de aprender mucho sobre esta hermosa disciplina, sino que además me dio la posibilidad de compartirla con los estudiantes, amigos y público en general a través de la divulgación. Me brindó también las herramientas para transmitir, además de mi pasión por la Física, valores que en muchos casos, llegaban al corazón de mis estudiantes. Después de todo, uno no solo educa para formar científicos o artistas, sino también para formar personas.

Así que debo decir que si bien no seguí el camino que me había trazado en un principio, seguramente seguí el camino que estaba trazado para mí, y me ha dejado, hasta ahora, muy satisfecho.

Ahora quisiera compartir con ustedes, este libro, que intenta entre otras cosas, presentar los conceptos de la Física, de forma breve, concisa y rigurosa. Partiremos desde lo más básico de los cursos introductorios, y nos iremos adentrando en conceptos y leyes cada vez más complejas e interesantes hasta llegar a la Física moderna de nuestros días.

Puede usarse también, como guía, para dictar sus cursos de Física General, pues se ha tratado de abordar los temas siguiendo el orden tradicional, que se imparten en los cursos universitarios y pre-universitarios de todo el mundo. Respetando el trabajo de mis colegas y sus excelentes textos, me pareció lo más sensato, incluir pocos ejemplos, ejercicios y problemas, así como muy pocas deducciones (a excepción de algunas que me parecieron interesantes por gusto propio), **dejando a cargo del docente, la elección de los mismos.** Una de las razones, es que el libro no pretende competir con los clásicos textos de Física que han sido escritos por notables Físicos y pedagogos y los cuales son indiscutiblemente esenciales para cursar cualquier carrera. Algunos de esos libros son los de Robert Resnick, Paul Tipler o Searsy Zemansky entre muchos otros.

La idea de este libro es entonces servir como un mapa de referencia para cursar sus estudios de Física, enseñarla, o bien para disfrutar del simple hecho de aprender sobre esta maravillosa ciencia. Se han incluido en esta nueva edición además de ejemplos y actividades, algunas entrevistas con grandes referentes de la Física y su enseñanza como Gustavo Klein, Martín Monteiro, Pablo Mora, Eric Mazur y Mario Bunge.

El lector encontrará un resumen de las principales ideas de la Física y la explicación de las expresiones matemáticas involucradas, las cuales pueden ir desde simples cocientes y sumas, hasta el uso del cálculo integral y diferencial, y será él mismo el que juzgue hasta dónde desea y puede profundizar en su conocimiento.

Comenzaremos nuestro viaje, analizando algunas herramientas matemáticas, que serán de gran utilidad en nuestra comprensión de la Física.

Luego abordaremos los conceptos y leyes claves para entender la Física Clásica, realizando un recorrido a través de la Mecánica, la Termodinámica, Óptica, Ondas y el Electromagnetismo.

Por último, arribaremos al apasionante mundo de la Física moderna, donde estudiaremos los conceptos más importantes de la relatividad especial de Albert Einstein y la Física Cuántica.

¡Le deseo un buen viaje a través del fascinante mundo de la Física!

Pablo Vaz

Maldonado, Mayo 2015

¿Por qué estudiar Física?

Muchos estudiantes, se preguntan por qué es necesario un curso de Física. Me gustaría compartir algunas ideas que pueden resultar esclarecedoras para responder a esta pregunta.

Howard Gardner, nacido en Scranton, Pennsylvania en 1943, formuló en su libro "Estructuras de la mente", su teoría de las inteligencias Múltiples. En dicho trabajo, publicado en 1983, se pueden encontrar referencias a siete tipos de inteligencias, que todos poseemos y que desarrollamos en mayor o menor medida. Estas son:

Inteligencia Lingüística. Vinculada a nuestra habilidad para leer, hablar, escribir o contar historias.

Inteligencia Lógica-Matemática. Relacionada al interés por los números, los patrones, problemas de ingenio o experimentos científicos.

Inteligencia Corporal y Cinética. Gusto y habilidad para los deportes o la danza, todas las actividades que estén vinculadas al control de nuestro cuerpo.

Inteligencia Visual y espacial. Vinculada a nuestro interés por el dibujo y las imágenes en general, los modelos bidimensionales y tridimensionales.

Inteligencia Musical. Afinidad y gusto por la música, el canto y la identificación o reconocimiento de patrones en los sonidos y su musicalidad.

Inteligencia Interpersonal (o social). Vinculada a nuestras capacidades de liderazgo y comunicación en los grupos de trabajo o estudio. Estas personas desarrollan una gran Empatía, es decir, la capacidad de ponerse en el lugar del otro, lo que les permite consolidarse como referentes entre sus pares.

Inteligencia Intrapersonal. Está relacionada con el conocimiento de uno mismo para controlar sus emociones. Muchos líderes espirituales o personas que manifiestan una gran sabiduría vinculada a sus experiencias personales, poseen este tipo de inteligencia.

El lector, podrá encontrar su propia afinidad con un grupo de "inteligencias" o habilidades, reconociendo sus propias destrezas y gustos por ciertas actividades.

La Física, tiene un gran componente lógico – matemático, porque involucra una gran cantidad de aspectos vinculados al pensamiento lógico y la resolución de situaciones problemáticas. Además, se constituye como una Ciencia experimental.

Nos provee de herramientas que nos invitan a fortalecer nuestro intelecto, para afrontar retos y situaciones problemáticas, que trascienden la propia disciplina.

Asimismo, nos provee de elementos para desarrollar nuestro análisis crítico y definir si estamos frente a un evento o situación que no posee una lógica o coherencia definida.

En cualquier caso, el estudiante entenderá que ser crítico y reflexivo frente a la información, es importante. Y la Física, como disciplina, ayuda a entrenar y desarrollar esas habilidades.

Si partimos de la premisa que la Física tendrá un impacto positivo en nuestras vidas, y fortalecerá un aspecto de nuestra inteligencia, entonces disfrutaremos de estudiarla y aprenderla.

Albert Einstein dijo: *"Nunca consideres el estudio como un deber, sino como una oportunidad para penetrar en el maravilloso mundo del saber".*

UNIDADES Y HERRAMIENTAS MATEMÁTICAS

"Las matemáticas son el alfabeto con el cual Dios ha escrito el Universo".

Galileo Galilei (1564– 1642)

¿Por qué tantas Matemáticas?

Cuando nos preparamos para un viaje o una travesía, generalmente armamos nuestro equipaje cuidando de llevar ropa apropiada así como herramientas o instrumentos que nos serán útiles para sacarle máximo provecho a nuestro recorrido.

De la misma forma, las herramientas matemáticas pueden ayudarnos a que nuestro viaje a través de los conceptos de la Física sea más provechoso y podamos profundizar en conceptos que de otra manera pasarán desapercibidos ante nuestros ojos.

¿Significa esto que para saber Física debemos saber Matemáticas? En principio podemos analizar algunos conceptos físicos sin muchas matemáticas más que algo de álgebra básica (sumar, multiplicar, dividir, hacer algunas operaciones básicas con la calculadora).

Sin embargo, en la medida que nos interese profundizar en conceptos más difíciles, el camino se puede tornar engorroso y frustrante si no nos preparamos con las herramientas adecuadas y comenzamos a reforzar nuestro lenguaje matemático, un lenguaje que puede parecer frío y abstracto al principio, pero que esconde una belleza y armonía sorprendente.

De a poco, con paciencia, el lector encontrará que la Matemática es mucho más que una simple herramienta cuando trabajamos en Física, es también una forma de interpretar el Universo y entender su maravillosa complejidad.

Magnitudes y unidades SI (Sistema internacional)

Unidades básicas del SI

Magnitud	Unidad
Distancia (d)	metro (m)
Tiempo (t)	segundo (s)
Masa (m)	kilogramo (kg)
Intensidad de corriente (i)	ampere (A)
Ángulo (θ)	radian (rad)
Temp. absouta. (T)	kelvin (K)
Intensidad luminosa (I)	candela (cd)
Cantidad de sustancia	mol (mol)

Unidades derivadas del SI

Magnitud	Unidad
Velociad (v)	m/s
Aceleración (a)	m/s^2
Fuerza (F)	N (Newton)
Energía (E)	J (Joule)
Trabajo (W)	J (Joule)
Cantidad de movimiento (p)	Ns
Potencia (P)	W (Watt)

Carga eléctrica (q)	C (Coulomb)
Voltaje (V)	V (Volt)
Campo eléctrico (E)	N/C o V/m
Flujo eléctrico (ϕ_E)	Nm^2/C
Campo magnético (B)	T (Tesla)
Flujo magnético (ϕ_B)	Wb (Webber)
Resistencia Eléctrica (R)	Ω (Ohm)

Prefijos SI

Múltiplos		**Submúltiplos**	
yotta (Y)	1×10^{24}	mili (m)	1×10^{-3}
zetta (Z)	1×10^{21}	micro (μ)	1×10^{-6}
exa (E)	1×10^{18}	nano (n)	1×10^{-9}
peta (P)	1×10^{15}	pico (p)	1×10^{-12}
tera (T)	1×10^{12}	femto (f)	1×10^{-15}
giga (G)	1×10^{9}	atto (a)	1×10^{-18}
mega (M)	1×10^{6}	zepto (z)	1×10^{-21}
kilo (k)	1×10^{3}	yocto (y)	1×10^{-24}

Conversiones SI – Sistema inglés

Distancia

1 pulgada	= 0,025400 metros
1 pie	= 0,3048 metros
1 milla	= 1609,35 metros

1 milla náutica	= 1853 metros
1 yarda	= 3 pies

Masa

1 onza	=0,0283495 kg
1 libra	= 0,4536 kg
1 ton	= 1016,047 kg
1 grain	= 0,0000648 kg

Constantes físicas universales

Velocidad de la luz en el vacío

$$c = 3,0 \times 10^8 \, m/s = 300000 \, km/s$$

Constante de gravitación universal

$$G = 6,67 \times 10^{-11} \, Nm^2/Kg^2$$

Constante eléctrica de Coulomb

$$k = 9,0 \times 10^9 \, Nm^2/C^2$$

Permitividad eléctrica del vacío

$$\varepsilon_0 = 8,85 \times 10^{-12} C^2/Nm^2$$

Permeabilidad magnética del vacío

$$\mu_0 = 4\pi \times 10^{-7} \, Tm/A$$

Carga fundamental o elemental

$$e = 1,6 \times 10^{-19} \, C$$

Constante de Planck

$$h = 6,626 \times 10^{-34} \, J.s = 4,14 \times 10^{-15} \, eV.s$$

Constante de Boltzmann (gases)

$$k_B = 1,381 \times 10^{-23} \frac{J}{K}$$

Constante universal de los gases

$$R = 8,314 \frac{J}{mol.K} = 0,082 \frac{atm.L}{mol.K}$$

Masa del electrón

$$m_{e-} = 9,11 \times 10^{-31} \, kg$$

Masa del protón

$$m_{p+} = 1{,}67 \times 10^{-27} \, kg$$

Masa del neutrón

$$m_{n^0} \approx m_{p^+}$$

Constante de Stefan-Boltzmann (radiación)

$$\sigma = 5{,}67 \times 10^{-8} \, W/m^2 K^4$$

Conversión Electron-Volt Joules

$$1eV \_\_\_ 1{,}6 \times 10^{-19} \, J$$

Notación científica y cifras significativas

Muchas veces debemos trabajar con cifras enormes o muy pequeñas en ciencias. No obstante, debemos entender que cada vez que expresamos un resultado numérico, estamos también dando información sobre la precisión con la que trabajamos, en particular si los datos provienen de una medida experimental. Es allí, donde se hace necesario trabajar de forma correcta con notación científica y cifras significativas.

Considere el siguiente número:

$$2{,}34 \times 10^{56}$$

Aquí, los números 234 se computan como cifras significativas, en este caso 3. Es en cierto modo una forma de expresar la precisión con la que se está trabajando. El exponente, en este caso 56, indica que tan grande o pequeño es el número. Es la cantidad de veces que debe multiplicar 10 x 10 x … x10, o sea 56 veces para este ejemplo.

Si el exponente es negativo, significa que el número es pequeño en comparación con la unidad.

Por ejemplo:

$$6{,}45 \times 10^{-8} \text{ es el número…}$$

$$0{,}0000000645$$

La regla más importante al realizar operaciones con cifras significativas, es que el resultado se expresa con la menor cantidad de cifras significativas trabajadas, por ejemplo:

$$20 \times 300 = 6{,}0 \times 10^{3}$$

Porque el número con la menor cantidad de cifras significativas involucrado es 20 (que tiene 2 cifras significativas).

Magnitudes escalares y vectoriales

En Física, trabajamos con muchos datos para estudiar los diversos sistemas. Estos pueden ir desde lo más diminuto, como los átomos y las partículas subatómicas, hasta sistemas macroscópicos como pueden ser los planetas y astros en el espacio (Astrofísica). Definir y organizar esos datos, nos ayudará a comprender mejor esos sistemas y nos permitirá resolver situaciones problemáticas cuando se presenten. Definimos las magnitudes escalares y vectoriales, como esas cantidades que conforman el cuerpo de datos con los que trabajaremos en nuestro curso de Física.

Las **magnitudes escalares**, como la masa y el tiempo, son magnitudes que quedan completamente descritas por su magnitud o módulo (un valor numérico y su unidad).

Por ejemplo:

$$m = 500g$$

En este caso, vemos que la masa se representa con la letra m (magnitud), y su módulo es igual a 500 (valor numérico) gramos (unidad). Seguramente ha escuchado a su profesor de Física insistir en colocar la unidad en los resultados de los problemas que resuelve. Esto es importante, porque de otra manera resultaría muy confuso. Imagine por ejemplo que va a comprar un producto y le confirman que el importe es 20. Podrían ser 20 dólares, 20 pesos uruguayos o 20 euros.

Respecto al uso de unidades, hay una famosa anécdota, de un satélite que se perdió al ingresar a la atmósfera marciana. Al parecer, el satélite había sido confeccionado por la agencia espacial europea y compilaba los datos en el sistema internacional (metros, Kilogramos, segundos). No obstante, Houston que manejaba la operación y el cálculo de la trayectoria, lo hacía en el sistema inglés (pulgadas, libras, segundos).

No está claro si la historia es del todo cierta, pero ilustra muy bien la importancia de usar correctamente las unidades y definir correctamente con qué sistema se trabajará.

Las **magnitudes vectoriales**, como la velocidad o la fuerza, necesitan para quedar completamente descritas, una magnitud o módulo (valor numérico y unidad), dirección (recta o eje que contiene al vector) y sentido (la orientación del vector en esa recta o eje).

Por ejemplo:

v = 88 Km/h en la dirección positiva de x

En el ejemplo anterior, podemos notar que la primera diferencia y tal vez la más importante, es que ahora debemos dibujar (representar) el vector con el que estamos trabajando.

Una manera elegante de escribir la magnitud vectorial del ejemplo es:

$$\vec{v} = 88 \ Km/h \ . \ \hat{\imath}$$

En los cursos más avanzados de Física, se utilizan los **versores** para dotar a las magnitudes del carácter vectorial necesario para poder realizar todas las operaciones necesarias.

Las magnitudes vectoriales, tienen algunas reglas diferentes para la adición, sustracción y multiplicación, las cuales estudiaremos en la siguiente sección.

Para poder trabajar con comodidad con los vectores, es importante que el estudiante domine las nociones básicas de trigonometría. En cursos universitarios, el alumno podrá encontrar en la asignatura **Álgebra Lineal**, todas las herramientas necesarias para trabajar con vectores y otras magnitudes más generales llamadas **Tensores.**

Solo con el objetivo de ir construyendo un lenguaje más amplio, podemos decir que las magnitudes escalares son Tensores de orden 0 y los vectores son tensores de orden 1. ¿Cómo se vería un Tensor de orden 2? Pues piense en la película Matrix. Sí, un tensor de orden 2 es una matriz. A continuación se visualizan tres tensores de diferente orden: un escalar (Tensor de orden 0), un vector (Tensor de orden 1) y un Tensor de orden 2 (en este caso el tensor de inercia).

$$t = 10s \qquad \vec{g} = -9{,}8\frac{m}{s^2}.\hat{\jmath} \qquad I = \begin{pmatrix} I_{xx} & I_{xy} & I_{xz} \\ I_{yx} & I_{yy} & I_{yz} \\ I_{zx} & I_{zy} & I_{zz} \end{pmatrix}$$

Así como sería incompleto decir que una fuerza aplicada es de 10N sin conocer hacia dónde se aplica, en algunos casos sería incompleto o inconsistente definir a una magnitud tensorial con las componentes de un vector, por eso precisamos más datos.

Volvamos a las magnitudes vectores y analicemos las operaciones que podemos realizar con ellas.

Suma de vectores (método del paralelogramo y poligonal)

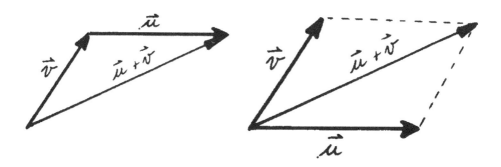

Si llamamos **w** al vector suma **u** + **v**, podemos ver en la imagen de arriba que **w** es la diagonal del paralelogramo formado por los vectores **v** y **u**.

Para conocer la magnitud del vector resultante, solo dibuje **u** y **v** usando una escala correcta y luego mida el largo de **w**. Convierta por último usando su escala y obtendrá el valor de **w**.

Si los vectores **u** y **v** son perpendiculares, entonces obedecen a la relación pitagórica:

$$w^2 = u^2 + v^2$$

Así que el módulo de **w** será:

$$\|w\| = \sqrt{u^2 + v^2}$$

Si los vectores forman cualquier ángulo que llamaremos θ(theta) entonces podemos aplicar el teorema del coseno para encontrar el módulo del vector resultante para hacerlo de forma analítica:

$$\|w\| = \sqrt{u^2 + v^2 + 2.u.v.cos\theta}$$

Resta de vectores

Llamemos **z** al vector **u** − **v**. Vemos en la imagen más abajo, que **z** es la diagonal opuesta que conecta los extremos de los vectores restados.

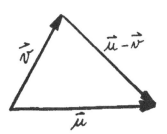

Descomposición de vectores

En algunos problemas, será muy útil descomponer vectores. Usualmente llamamos v_x y v_y a los componentes del vector v en un plano. Investigue sobre los versores unitarios **i, j y k** que acompañan a los ejes x, y, z respectivamente. (Vea la actividad 3 al final del capítulo).

Para hallar esas componentes, podemos ver en la siguiente imagen, que v_x es la proyección horizontal del vector en el eje x, mientras que v_y es la proyección vertical del vector. Por otra parte, vemos que v_x y v_y son los catetos del triángulo rectángulo que tiene como hipotenusa el módulo de v.

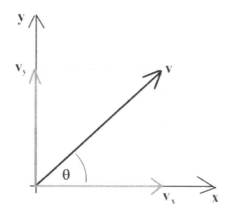

Recordando la definición del coseno de un ángulo para un triángulo rectángulo:

$$\cos \theta = \frac{cat.\, adyacente}{hipotenusa}$$

$$\operatorname{sen} \theta = \frac{v_x}{v}$$

Y al despejar obtenemos:

$$\boldsymbol{v_x = v.\cos\theta}$$

De la misma forma para la componente v_y:

$$\operatorname{sen} \theta = \frac{cat.\, opuesto}{hipotenusa}$$

$$\operatorname{sen} \theta = \frac{v_y}{v}$$

Despejando obtenemos,

$$\boldsymbol{v_y = v.\operatorname{sen}\theta}$$

Producto escalar (o punto) entre dos vectores

Cuando sumamos o restamos dos vectores, o cuando multiplicamos un vector por un escalar, obtenemos nuevamente otro vector. Sin embargo, hay veces que podemos realizar operaciones con vectores y el resultado no será una magnitud vectorial.

Un ejemplo que analizaremos más adelante y que tal vez haya estudiado en sus cursos básicos de Física, es la definición de trabajo (W). Este resulta de la multiplicación de dos vectores: Fuerza y desplazamiento. No obstante, el resultado es una magnitud escalar.

Definimos al **producto escalar**, como una operación especial entre dos vectores, cuyo resultado nos devuelve una magnitud escalar.

Observemos la siguiente imagen, para tratar de interpretar un poco mejor esta nueva operación.

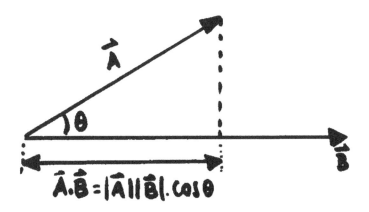

Geométricamente se entiende como la proyección del vector A sobre la dirección del vector B. La resultante de esta proyección es:

$$\vec{A} \cdot \vec{B} = \|A\|.\|B\|.\cos\theta$$

Como vemos, el producto escalar será máximo cuando el ángulo entre los vectores sea cero.

En cursos más avanzados, cuando exprese los vectores a través de sus componentes en un sistema de referencia, es decir cuando escriba los vectores A y B de la siguiente manera:

$$\vec{A} = a_x.\hat{\imath} + a_y.\hat{\jmath} + a_z.\hat{k}$$

$$\vec{B} = b_x.\hat{\imath} + b_y.\hat{\jmath} + b_z.\hat{k}$$

Entonces podrá verificar que el producto escalar se puede calcular:

$$\vec{A} \cdot \vec{B} = a_x.b_x + a_y.b_y + a_z.b_z$$

Producto vectorial (o cruz)

El producto vectorial también es otra operación especial entre dos vectores.

El resultado ahora es un vector normal (perpendicular) al plano que contiene los dos vectores multiplicados.

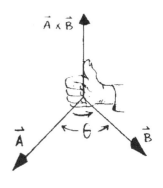

Para hallar la dirección y el sentido del vector resultante, es muy útil la regla de la mano derecha (ver imagen).

La magnitud o módulo del vector viene dada por la siguiente expresión:

$$\|\vec{A} \times \vec{B}\| = \|A\|.\|B\|.\operatorname{sen}\theta$$

Geométricamente podemos entender este producto como el área del paralelogramo formado por A y B.

Vemos además que, en virtud del seno del ángulo entre los vectores, el producto vectorial será máximo cuando éstos se encuentren en direcciones perpendiculares entre sí.

Si el vector está expresado a través de sus componentes:

$$\vec{A} = a_x.\hat{\imath} + a_y.\hat{\jmath} + a_z.\hat{k}$$

$$\vec{B} = b_x.\hat{\imath} + b_y.\hat{\jmath} + b_z.\hat{k}$$

Podemos encontrar el resultado del producto vectorial resolviendo el siguiente determinante:

$$\vec{A} \times \vec{B} = \begin{vmatrix} \hat{\imath} & \hat{\jmath} & \hat{k} \\ a_x & a_y & a_z \\ b_x & b_y & b_z \end{vmatrix}$$

No nos detendremos a demostrar los resultados anteriores ya que hay extenso material bibliográfico y audiovisual de gran calidad que se ocupan de hacerlo. Veamos en su lugar un ejemplo para realizar estas nuevas operaciones.

¿Se puede multiplicar una fuerza por una distancia?

Antes de responder, debemos ser un poco más precisos en cuanto a los datos con los que trabajamos.

Si estamos analizando una caja que se desplaza cierta distancia al tirar de ella con determinada fuerza, entonces podríamos estar interesados en determinar el trabajo (W) y recurrimos como veremos más adelante al producto escalar:

$$W = \vec{F} \cdot \overrightarrow{\Delta x}$$

Suponga por ejemplo que un niño tira de un carrito aplicando una fuerza de 20N con dirección 30° por encima de la horizontal, y que la caja se desplaza 5,0m en la dirección x.

Podríamos representar la situación, de la siguiente manera para simplificar:

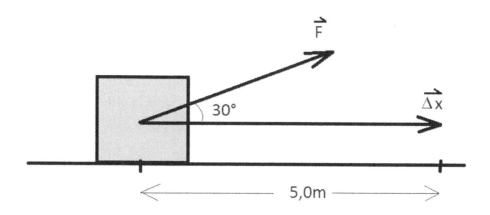

Al utilizar la definición del producto escalar y calcular directamente el trabajo obtenemos:

$$W = \vec{F} \cdot \overrightarrow{\Delta x} = \|F\|.\|\Delta x\|.\cos\theta$$

$$W = 20N.5{,}0m.\cos 30° = 87J$$

Como vemos, ha sido muy sencillo. Y podemos responder a la interrogante planteada en el ejercicio. Sí es posible multiplicar fuerza por distancia.

Vamos a verificar si podemos llegar al mismo resultado a partir de las componentes de los vectores fuerza y desplazamiento. Comenzaremos hallando las componentes de la fuerza:

$$F_x = F.\cos\theta = 20N.\cos 30° = 17{,}4N$$

$$F_y = F.sen\theta = 20N.sen 30° = 10N$$

$$\vec{F} = F_x\hat{\imath} + F_x\hat{\jmath} = (17{,}4\hat{\imath} + 10\hat{\jmath})N$$

Por otro lado, el vector desplazamiento se puede escribir así:

$$\overrightarrow{\Delta x} = 5{,}0m.\hat{\imath}$$

Luego,

$$\vec{F} \cdot \overrightarrow{\Delta x} = F_x.\Delta x_x + F_y.\Delta x_y + F_z.\Delta x_z$$

$$\vec{F} \cdot \overrightarrow{\Delta x} = 17,4N.\,5,0m + 10N.\,0 + 0.0$$

$$W = \vec{F} \cdot \overrightarrow{\Delta x} = 87J$$

Que es exactamente el mismo resultado obtenido anteriormente. El lector tal vez pueda preguntarse, por qué tanto trabajo si de la otra forma es más rápido y fácil.

La respuesta es que si trabajamos con vectores en tres dimensiones con sus componentes x,y,z esta última forma será más conveniente y más rápida.

¿Podemos multiplicar fuerza por distancia y obtener otra magnitud diferente?

El lector que haya pasado por cursos básicos de Física, seguramente recuerde que hay otra magnitud que vincula la **fuerza** con la **distancia**.

El **torque**, es una magnitud vectorial que se define a partir del producto vectorial entre la fuerza que actúa sobre un cuerpo y la distancia a cierto punto que definimos muchas veces como eje de giro. El torque, como veremos en el capítulo de Mecánica, es muy útil cuando queremos analizar cuerpos que pueden rotar o que están en equilibrio.

Suponga que queremos calcular el torque aplicado sobre una llave francesa, a la que se le aplica una fuerza de 50N hacia abajo (en el eje **y** negativo), sobre el extremo de su brazo, cuya posición está a 45° sobre la horizontal y a una distancia de 20cm del punto O (vector **r**).

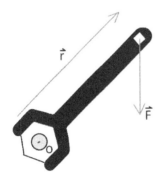

Vemos en la imagen, los vectores r y F. El vector torque queda definido por la siguiente operación:

$$\vec{\tau} = \vec{r} \times \vec{F}$$

De acuerdo a las reglas del producto vectorial, vemos que el módulo puede calcularse:

$$\|\vec{\tau}\| = \|\vec{r}\|.\,\|\vec{F}\|.\,sen\theta$$

Solo debemos prestar atención con el ángulo θ pues no es 45°, sino 180° - 45° = 135°, aunque siempre se cumple que sen θ = sen (180°-θ).

$$\|\vec{\tau}\| = 0,20m.\,50N.\,sen135°$$

$$\|\vec{\tau}\| = 7,1Nm$$

Para saber la dirección y sentido del vector torque, aplicamos la regla de la mano derecha y observamos que este vector apunta hacia "adentro" de la hoja. En Física, solemos representar a los vectores "entrantes" con una X, y a los vectores salientes con un círculo y un punto, evocando la imagen de un dardo.

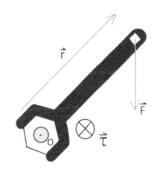

Ahora, para finalizar esta sección, calculemos el torque a través del determinante de la matriz asociada.

$$\vec{\tau} = \vec{r} \times \vec{F} = \begin{vmatrix} \hat{\imath} & \hat{\jmath} & \hat{k} \\ r_x & r_y & r_z \\ F_x & F_y & F_z \end{vmatrix}$$

$$\vec{\tau} = \vec{r} \times \vec{F} = \begin{vmatrix} \hat{\imath} & \hat{\jmath} & \hat{k} \\ 0,20m.\,cos45° & 0,20m.\,sen45° & 0 \\ 0 & 50N & 0 \end{vmatrix}$$

Me gusta en estos casos calcular el determinante desarrollando por adjuntos y utilizando la primera fila. De esta manera ya quedan definidas las componentes del vector calculado:

$$\vec{\tau} = \vec{r} \times \vec{F} = (0,20m.\,sen45°.\,0 + 50N.\,0)\hat{\imath}$$

$$- (0,20m.\,cos45°.\,0 - 0.0)\hat{\jmath} + (-0,20m.\,sen45°.\,50N - 0.0)\hat{k}$$

Observemos que las componentes asociadas a los versores **i** y **j** se anulan quedando:

$$\vec{\tau} = \vec{r} \times \vec{F} = -0,20m.\,sen45°.\,50N.\,\hat{k}$$

$$\vec{\tau} = -7,1Nm.\,\hat{k}$$

Obtuvimos ahora el vector torque pero completamente definido, es decir con módulo, dirección y sentido. Al principio podemos pasar un poco más de trabajo, no obstante seremos capaces de resolver problemas mucho más complejos si nos animamos a trabajar utilizando todo el poder de las herramientas matemáticas, como proponía el célebre físico Richard Feynman.

Nociones de derivación e integración

El lector que desee profundizar en los conceptos físicos presentados en este libro, se encontrará muchas veces con expresiones que involucran cálculo diferencial e integral. En general los estudiantes de bachillerato (preuniversitario) estudian estas excepcionales herramientas en sus cursos de matemáticas. No obstante, muchas veces se suele presentar en los últimos cursos del último año de enseñanza secundaria y el estudiante tiene poco tiempo de asimilar los conceptos importantes y sus aplicaciones a todas las disciplinas.

Derivadas

En sus cursos de matemáticas, usted ha estudiado las funciones como una manera de representar una relación entre dos o más variables.

Supongamos que tenemos dos variables x e y, las cuales dependen una de la otra, es decir, que se pueda escribir por ejemplo que la variable y depende de x. Esto se suele representar y=f(x).

Muchas veces, no solo estamos interesados en estudiar la interdependencia entre dos variables, sino también, como es la variación o tasa de cambio de una al cambiar la otra, matemáticamente, se puede expresar dicho cambio:

$$\frac{\Delta y}{\Delta x}$$

Este cociente se denomina cociente incremental. Si la función y=f(x), es lineal, dicho cociente se mantendrá constante, lo que habla de que la tasa de cambio no varía.

Por ejemplo si estudiamos la población de una especie en cierto territorio en función del tiempo, podríamos observar que en determinado intervalo de tiempo, el cociente se mantiene igual, sin importar si elegimos un intervalo de tiempo de 1, 2 o 5 años. Decimos que la especie se encuentra en fase de crecimiento y que el mismo es constante o lineal.

Pero algunas especies de bacterias por ejemplo, no crecen de forma lineal. Estos organismos, crecen a una tasa tan elevada, que si analizamos el cociente incremental para estudiar dicho crecimiento, observamos que el mismo aumenta a medida que transcurre el tiempo, luego llega a un régimen estacionario, de forma que el cociente es nulo (no hay crecimiento de la población), para finalmente comenzar a disminuir la población. En este último caso, el cociente será negativo.

Si queremos estudiar el cambio o tasa de cambio punto a punto en la función y=f(x), debemos considerar el límite cuando las variaciones son muy pequeñas, es decir cuando Δx tiende a cero:

$$\lim_{\Delta x \to 0} \frac{\Delta y}{\Delta x}$$

Este límite, gráficamente representa la pendiente de la recta tangente a la curva y=f(x) para determinado valor de x, y se denomina derivada de y respecto a x, es decir:

$$\lim_{\Delta x \to 0} \frac{\Delta y}{\Delta x} = \frac{dy}{dx}$$

En la figura, observamos tres casos, en los cuales las tangentes representan tasas de crecimiento (1), régimen estacionario (2) y finalmente decrecimiento (3).

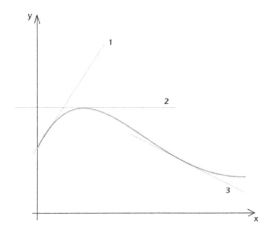

Si consideramos la función $y=x^2$, que el lector recordará gráficamente como una parábola, vemos que su derivada es:

$$\frac{dy}{dx} = \lim_{\Delta x \to 0} \frac{\Delta y}{\Delta x} = \lim_{h \to 0} \frac{(x+h)^2 - x^2}{(x+h) - x} = \lim_{h \to 0} \frac{x^2 + 2xh + h^2 - x^2}{h}$$

Al simplificar obtenemos:

$$\frac{dy}{dx} = \lim_{h \to 0} \frac{2xh + h^2}{h} = 2x$$

Como vemos, el crecimiento de la función es mayor a medida que aumenta x, lo cual es coherente con la función parabólica.

En los cursos de matemáticas se suele representar la derivada de la función $y=f(x)$ con un apóstrofe:

$$y'(x) = (x^2)' = 2x$$

Se pueden analizar todas las funciones que deseemos a partir del anterior límite y estudiar sus derivadas. Presentamos aquí las más básicas e importantes para sus cursos de Física.

Tabla de derivadas

Descripción	Función	Derivada
Constante	k	0
Lineal	$ax + b$	a
Cuadrática	$ax^2 + bx + c$	$2ax + b$
Potencial	ax^n	anx^{n-1}
Racional	$\dfrac{a}{x^n}$	$\dfrac{-an}{x^{n+1}}$

Raíz cuadrada	$\sqrt{ax}$	$\dfrac{\sqrt{a}}{2\sqrt{x}}$
Exponencial	ae^{kx}	kae^{kx}
Logaritmo	$Ln(ax)$	$\dfrac{1}{x}$
Seno	$sen(kx)$	$k.\cos(kx)$
Coseno	$\cos(kx)$	$-k.sen(kx)$

Se cumple además, que si u y v son funciones de x:

Suma o resta	$(u \pm v)'$	$u' \pm v'$
Multiplicación	$(u.v)'$	$u'.v + u.v'$
Cociente	$\left(\dfrac{u}{v}\right)'$	$\dfrac{u'.v - u.v'}{v^2}$
Regla de la cadena	$[u(v)]'$	$u'(v).v'$

Integrales

Las derivadas nos dan información sobre el cambio que experimenta una función y nos provee información muy rica sobre su comportamiento. Podríamos decir que partimos de una función "madre", denominada comúnmente primitiva y obtenemos otra función "derivada" a partir de la primera.

Pero qué tal si partimos de la función derivada y queremos conocer la función primitiva, es decir encontrar una función, tal que si la derivamos obtenemos la función de partida.

Podríamos ir probando con ciertas funciones por "tanteo" pero evidentemente este método no resultará eficaz y en ocasiones imposible.

Introducimos entonces, la noción de integral, como una nueva "operación" que realizamos con determinada función para obtener su primitiva. Si consideramos una función y=f(x) o bien y(x), podemos escribir su integral como:

$$\int y(x)dx$$

El símbolo nuevo introducido, parece una S alargada, pues puede entenderse la integral como una suma de diminutas partes o diferenciales. Gráficamente, podemos entender la integral como el área bajo la curva y=f(x).

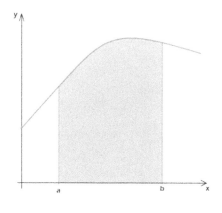

Vemos en la gráfica que se señalan también dos puntos en el eje x, a y b, que definen un intervalo de integración. En estas condiciones se suele escribir la integral de la siguiente manera:

$$\int_{a}^{b} y(x)dx$$

Al igual que en el caso de las derivadas, se han desarrollado tablas de integrales que nos permiten conocer la función primitiva de una determinada función de partida. El lector podrá comprobar que si derivamos la función primitiva obtenemos la primera. Además en todos los casos las primitivas deben incorporar una constante de integración y se vincula con las condiciones iniciales de dicha función.

Por ejemplo en Física, una integral puede darnos información de la velocidad de una partícula a partir de su aceleración. Entonces puede entenderse la velocidad como la primitiva de la aceleración. Pero al estudiarla, debemos conocer cuál es la velocidad inicial de la partícula.

Tabla de integrales

Descripción	Función	Primitiva
Constante	k	$kx + c$
Lineal	$ax + b$	$\dfrac{ax^2}{2} + bx + c$
Cuadrática	ax^2	$\dfrac{ax^3}{3} + c$
Potencial	ax^n	$\dfrac{ax^{n+1}}{n+1} + c$
Racional	$\dfrac{a}{x^n}\, n \neq 1$	$\dfrac{a}{(1-n)x^{n-1}} + c$
Racional	$\dfrac{a}{x}$	$aLn|x| + c$
Raíz cuadrada	$\sqrt{ax}$	$\dfrac{2}{3}\sqrt{ax^3} + c$
Exponencial	ae^{kx}	$\dfrac{a}{k}e^{kx} + c$
Logaritmo	$Ln(ax)$	$xLn(ax) - x + c$
Seno	$sen(kx)$	$-\dfrac{1}{k}.\cos(kx) + c$
Coseno	$\cos(kx)$	$\dfrac{1}{k}.sen(kx) + c$

Se cumple además, que si u y v son funciones de x:

Suma o resta	$\int (u \pm v)dx$	$\int u\, dx \pm \int uv\, dx$
Regla de Barrow	$\int_a^b f(x)dx$	$F(b) - F(a)$

Siendo F(x) una primitiva de f(x)

Cinco actividades sobre herramientas matemáticas

1. Escalares vs. Vectoriales. ¿Cuál es la diferencia entre las magnitudes escalares y vectoriales? Elabore una tabla de dos columnas y clasifique las magnitudes básicas y derivadas del S.I, que se encuentran en las páginas 28 y 29 del libro.

2. Profesores quisquillosos. ¿Por qué generalmente los profesores de ciencias escribimos 2,0m en vez de simplemente 2m?

3. Vectores perpendiculares. Si tenemos dos vectores que representan fuerzas perpendiculares iguales de módulo 10N, un vector apunta hacia la derecha y el otro hacia arriba de la hoja. ¿Cuál será la suma de las fuerzas? ¿Cuál será el producto escalar entre ellas? ¿Cuál será el producto vectorial?

4. Decaimiento exponencial. Derive la función $f(x) = -2 . e^{-5x}$ y represente la función derivada gráficamente en el intervalo $x \in [0; 1]$.

5. Triángulo integral. Grafique la función $f(x) = x$ en el intervalo $[0; 1]$. Pinte el área del triángulo que se forma entre la curva y el eje x. Determine su área y luego, utilizando la tabla de integrales, calcule la siguiente integral:

$$\int_0^1 x \, dx$$

¿El resultado concuerda con lo que esperaba?

MECÁNICA

"Nuestra naturaleza esta en movimiento. El reposo absoluto es la muerte".

Blaise Pascal (1623 – 1662)

Cinemática I: Movimiento lineal y en el plano

La cinemática es una de las ramas más populares de la Física en los cursos introductorios. Como estudiante usted aprenderá herramientas y procesos que le acompañarán en el resto de su carrera.

Se estudia principalmente el movimiento de los cuerpos, pero sin detenernos en analizar las causas que lo producen. Serán importantes conceptos como desplazamiento, velocidad, aceleración y tiempo.

Posición, Trayectoria y Desplazamiento

Definamos algunos conceptos útiles que nos permitirán analizar cualquier tipo de movimiento.

Posición: Es la coordenada de un cuerpo en un Sistema de referencia. Por ejemplo, podemos decir que la posición de un auto es x=10m o que la posición de una mosca es r = (0; 2m; 1,5m).

Trayectoria: Es el verdadero camino recorrido por el cuerpo desde su posición inicial a la final.

Desplazamiento: Es el vector definido por la posición inicial y final del cuerpo, para un sistema de referencia en una dimensión (x):

$$\Delta x = x_f - x_0$$

Para dos o tres dimensiones, el vector desplazamiento queda definido como:

$$\vec{\Delta r} = \vec{r_f} - \vec{r_0}$$

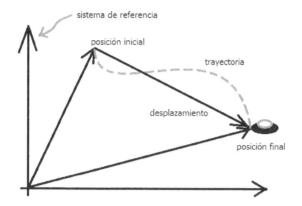

Observe que en el diagrama la trayectoria, que se representa con la línea punteada, puede ser curvilínea y el vector desplazamiento siempre es recto, siendo el camino más "corto" entre la posición inicial y final del cuerpo.

Observe el lector que si consideramos una trayectoria muy pequeña, el vector desplazamiento tiende a ser igual (en módulo) que dicha trayectoria.

Entendiendo el concepto de velocidad

En los primeros cursos de Física se suele introducir el concepto de velocidad de la siguiente manera:

$$velocidad = \frac{distancia\ recorrida}{intervalo\ de\ tiempo}$$

Por ejemplo, si usted realiza un viaje de Barcelona a Madrid, recorriendo una distancia de 624km en un tiempo de 7,0 horas, su velocidad (v) será:

$$v = \frac{624km}{7,0h}$$

$$v = 89km/h$$

Esta velocidad, representa, como veremos en instantes, la rapidez media con la que usted viaja. Esto no quiere decir que en todo momento fue a esa velocidad, durante su recorrido, pudo haber parado un momento en Zaragoza, incrementado su velocidad en las rutas más rápidas y seguramente este valor se encuentra en la media de todas las velocidades posibles con las que viajó.

Por otro lado, observamos que si bien la unidad con la que expresamos esta rapidez es conocida (km/h), pues es la unidad que se emplea en la mayoría de los autos del mundo, no es la unidad presentada para la velocidad y rapidez en el sistema internacional.

Calculemos a qué velocidad viajamos en el S.I.,

$$v = \frac{624km}{7,0h} \cdot \frac{1000m}{1km} \cdot \frac{1h}{3600s}$$

Observe los factores de conversión. Un kilómetro equivale a 1000 metros, mientras que una hora hay 3600 segundos. Antes de calcular el resultado final, podemos jugar un poco con los cocientes y darnos cuenta que obtenemos el conocido factor 3,6. En este caso dividimos la velocidad en km/h entre 3,6 y obtendremos la velocidad en m/s:

$$v = 89km/h. \frac{1m}{1km} \cdot \frac{1h}{3,6s}$$

$$v = 25m/s$$

Una velocidad de 25 metros por segundo, parece bastante alta desde esta nueva perspectiva.

Ahora definiremos con más formalidad las magnitudes vinculadas a la velocidad y aceleración.

Rapidez media (escalar):

Se define como el cociente entre la distancia total recorrida (Δs), siempre positiva, sobre la trayectoria (si se avanza en un sentido) y el tiempo empleado en recorrer dicha distancia. Comúnmente llamamos velocidad a ese cociente, pero no debemos perder de vista que estamos trabajando con una magnitud escalar.

$$\bar{r} = \frac{\Delta s}{\Delta t}$$

Velocidad media (vector):

Lo definimos como el cociente entre el vector desplazamiento y el tiempo empleado en recorrer ese desplazamiento. El resultado es un vector con igual dirección y sentido que el desplazamiento.

$$\vec{v_m} = \frac{\overrightarrow{\Delta x}}{\Delta t}$$

Rapidez instantánea:

Durante un recorrido determinado, la rapidez o velocidad media puede no reflejar correctamente la velocidad en determinado momento. Para saberlo tratamos de medir la velocidad usando el menor intervalo posible entre dos puntos, lo cual nos lleva al concepto de límite, donde el arco recorrido coincide con el módulo del desplazamiento. Definimos la rapidez (o módulo de la velocidad) instantánea como la derivada de la posición respecto al tiempo:

$$r = v = \lim_{\Delta t \to 0} \frac{\Delta s}{\Delta t} = \frac{dx}{dt}$$

Velocidad instantánea:

Se define como la derivada del vector posición respecto al tiempo. El resultado es un vector con igual dirección y sentido que el desplazamiento.

$$\vec{v} = \lim_{\Delta t \to 0} \frac{\overrightarrow{\Delta x}}{\Delta t} = \frac{\overrightarrow{dx}}{dt}$$

Cinemática de rayos y truenos

Consideremos un ejemplo interesante sobre el análisis de la velocidad y las predicciones que podemos realizar a partir de algunos cálculos sencillos.

Imaginemos que un rayo cae a cierta distancia de nosotros que llamaremos Δx. Se observa la luz intensa característica del rayo y luego de 5,0 segundos se escucha el trueno. ¿Podríamos determinar a qué distancia cayó el rayo de nosotros?

Una búsqueda rápida en internet, nos muestra que en el aire la velocidad (en realidad rapidez) de la luz y del sonido son:

$$v_{luz} = c = 300000 km/s$$

$$v_{sonido} = v_s = 340 \ m/s$$

Como vemos, la luz se mueve demasiado rápido, así que despreciamos el tiempo que tarda en llegar a nuestros ojos. Sin embargo el sonido, si bien viaja rápido, su velocidad no es comparable a la de la luz y esto nos permite ver la luz del rayo mucho antes de que se escuche el trueno.

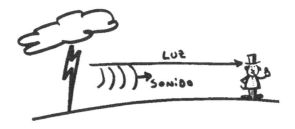

Si despejamos el desplazamiento de la ecuación de la rapidez y considerando la velocidad del sonido:

$$v_s = \frac{\Delta x}{\Delta t}$$

$$\Delta x = v_s . \Delta t = 340 m/s . 5,0s$$

$$\Delta x = 1,7 \times 10^3 m = 1,7 km$$

Concluimos que el rayo cae a casi 2km de nosotros.

Aceleración

Es muy extraño encontrar objetos en nuestra vida cotidiana que se muevan con velocidad constante. Tal vez sí sea más común encontrar objetos en reposo permanente (en cierto intervalo de tiempo).

Cuando un cuerpo cambia su estado de movimiento (cambia su velocidad) o bien pasa del reposo al movimiento o viceversa, entonces decimos que el cuerpo acelera.

Aceleración media:

Es el cambio en la velocidad de un cuerpo durante cierto intervalo de tiempo. Lo definimos formalmente como el cociente entre la variación de la velocidad y la variación de tiempo.

$$\vec{a_m} = \frac{\overrightarrow{\Delta v}}{\Delta t}$$

Aceleración instantánea:

Si queremos conocer la aceleración en un momento determinado, la cual puede o no coincidir con la aceleración media, realizamos la derivada de la velocidad respecto al tiempo o bien la segunda derivada de la posición respecto al tiempo:

$$\vec{a} = \lim_{\Delta t \to 0} \frac{\overrightarrow{\Delta v}}{\Delta t} = \frac{\overrightarrow{dv}}{dt} = \frac{\overrightarrow{d^2 x}}{dt^2}$$

Seguramente ha escuchado que los autos de carrera tienen aceleraciones muy altas. En las carreras de fórmula 1, los automóviles alcanzan velocidades de 100km/h en apenas 1,7 segundos como sucedió en el Red Bull Racing en Perú en mayo del 2015.

Averigüemos la aceleración en las unidades del S.I. Para ello, primero tenemos que convertir la velocidad de km/h a m/s.

$$v = 100 \frac{km}{h} \cdot \left(\frac{1000m}{1km}\right) \cdot \left(\frac{1h}{3600s}\right) = 27{,}8 m/s$$

Ahora calculamos el módulo de la aceleración de estos vehículos,

$$a_m = \frac{\Delta v}{\Delta t} = \frac{27{,}8 m/s}{1{,}7 s} = 16 m/s^2$$

Lo cual es en verdad sorprendente. Imagine el vértigo que siente en caída libre (por ejemplo en una montaña rusa) donde la aceleración no supera los 9,8m/s². Aquí la aceleración es casi el doble. Por eso, los pilotos de F1, deben someterse constantemente a una intensa preparación física, al igual que los pilotos de aviones y astronautas, para poder soportar esas aceleraciones.

En la imagen, el glorioso Gonchi Rodríguez, uno de los mejores pilotos uruguayos, quien lamentablemente falleciera el 11 de setiembre de 1999, durante una carrera en California, EEUU.

Ecuaciones del movimiento lineal

Las siguientes ecuaciones pueden derivarse de las definiciones de velocidad, aceleración y desplazamiento.

Serán útiles para resolver problemas analíticos en donde deseamos conocer la posición, velocidad o aceleración en un momento determinado de tiempo, así como determinar mediante el análisis de datos finales, las condiciones iniciales del movimiento. En otras palabras podemos conocer la evolución de un sistema, o bien las condiciones iniciales que dieron origen al movimiento estudiado.

Movimiento rectilíneo uniforme (M.R.U)

Es el movimiento de los cuerpos en línea recta, que en cierto intervalo de tiempo, mantienen su velocidad constante. La luz por ejemplo, mientras no cambie de medio, mantiene una velocidad constante o uniforme, como casi todas las ondas.

Posición:$x = x_0 + v.\Delta t$

Velocidad: $\qquad\qquad v = \frac{\Delta x}{\Delta t}$

Aceleración:$a = 0$

Movimiento rectilíneo uniformemente variado o acelerado (M.R.U.A)

Es el movimiento de los cuerpos en línea recta, en cierto intervalo de tiempo, mantienen constante su aceleración. Por ejemplo cuando arrancamos un auto o una moto, en un breve intervalo de tiempo, se puede considerar como un M.R.U.A., el ejemplo más común es la caída libre, que analizaremos más adelante.

Posición:$x = x_0 + v_0.\Delta t + \frac{1}{2}a.\Delta t^2$

Velocidad:$v = v_0 + a.\Delta t$

Aceleración:$a = \frac{\Delta v}{\Delta t}$

Gráficas del movimiento lineal

Las gráficas, siempre tienen la ventaja de darnos una idea global del movimiento de un cuerpo. Si bien pueden resultar menos exactas para analizar un movimiento determinado, serán una herramienta imprescindible para estudiarlo.

Movimiento rectilíneo uniforme (ejemplo de velocidad positiva)

Si el movimiento tiene velocidad negativa, la pendiente de la primera gráfica será negativa y la gráfica de velocidad será una constante negativa.

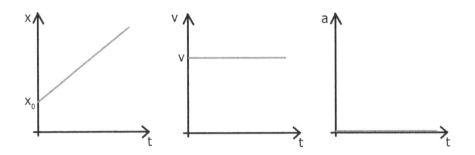

Movimiento rectilíneo uniformemente acelerado (ejemplo de aceleración positiva)

En caso de que la aceleración sea negativa, la primera gráfica (posición) tendrá concavidad negativa, la gráfica de velocidad tendrá pendiente negativa y la gráfica de aceleración será una constante negativa.

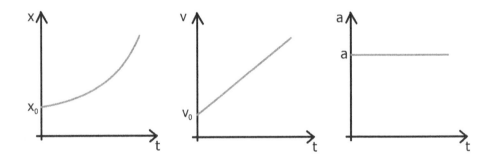

Cálculo de la aceleración y el desplazamiento usando las gráficas de movimiento

Uno de los problemas más comunes en física, es determinar la aceleración de un cuerpo a partir de los gráficos. Para hacerlo, debemos recordar la definición de la aceleración y pensar en su módulo:

$$\overrightarrow{a_m} = \frac{\overrightarrow{\Delta v}}{\Delta t}$$

Como vemos, el módulo del vector, no es otra cosa que la pendiente de la gráfica velocidad – tiempo. Así que tomaremos dos puntos del gráfico (siempre que sea una recta) y calcularemos la pendiente.

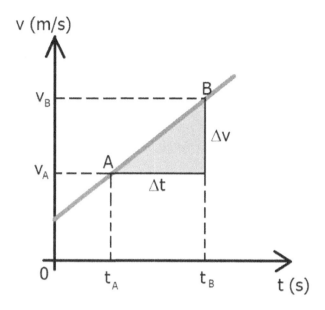

En la gráfica seleccionamos dos puntos cualesquiera A y B, determinamos sus coordenadas y construimos el cociente incremental, así que el cálculo de la pendiente será:

$$pendiente = \frac{v_B - v_A}{t_B - t_A} = \frac{\Delta v}{\Delta t}$$

Luego:

pendiente = aceleración

Para el cálculo del desplazamiento podemos pensar en la definición de la velocidad en su forma diferencial, si está familiarizado con el cálculo diferencial puede seguir toda la deducción sino, puede pasar al resultado final y deducirlo a partir de las gráficas de M.R.U.

A partir de la definición de velocidad:

$$v = \frac{dx}{dt} \rightarrow dx = v.dt$$

Si integramos ambos miembros desde el tiempo inicial al tiempo final:

$$\int_{x_0}^{x_f} dx = \int_{t_0}^{t_f} v.\,dt$$

El primer término es el desplazamiento del cuerpo, mientras que la segunda integral se entiende como el área bajo la gráfica velocidad – tiempo. Finalmente:

$$\Delta x = \acute{A}rea[v = f(t)]$$

Así que basta definir el intervalo de tiempo en el cual estamos interesados en determinar el desplazamiento y hallamos el área.

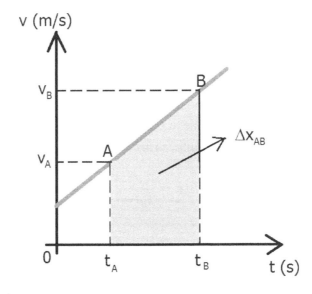

Por supuesto en ocasiones, será necesario dividir el área en diversos polígonos que resulten más fáciles para calcular el área total.

Caída libre

Se considera caída libre, al movimiento de los cuerpos bajo la influencia del campo gravitatorio terrestre sin tomar en cuenta el rozamiento con el aire. Así por ejemplo, el lanzamiento de una piedra hacia arriba, o la caída de un clavadista en una piscina pueden considerarse ejemplos de caída libre.

Ecuaciones

Como la aceleración gravitatoria es constante y hacia abajo (generalmente considerada negativa), basta sustituir su valor en las ecuaciones de M.R.U.A y se obtienen las siguientes expresiones:

Posición:$y = y_0 + v_0.\Delta t - \frac{1}{2}g.\Delta t^2$

Velocidad:$v = v_0 - g.\Delta t$

Aceleración:$a = -g = -9,8 m/s^2$

Gráficos

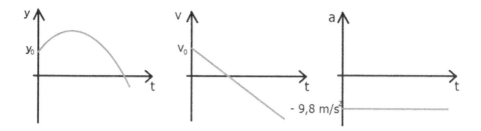

Para hallar la máxima altura del objeto, considere que la velocidad en ese punto es cero. Así que en la ecuación de velocidad reemplace el valor de v por cero y despeje el tiempo.

Por último reemplace ese tiempo en la ecuación de posición, esa es la máxima altura que alcanza el cuerpo.

Para hallar el tiempo de vuelo (el tiempo total que permanece el objeto luego de ser liberado), reemplace en la ecuación de posición y por cero y encuentre las soluciones para el tiempo. Posiblemente encuentre dos valores, escoja el que físicamente sea correcto.

Encuentros

Para determinar el tiempo y posición del encuentro entre dos cuerpos, primero escriba las ecuaciones de posición para cada cuerpo y luego iguálelas. Despejando, podrá conocer el tiempo de encuentro para ambos cuerpos. Finalmente reemplace ese tiempo en cualquiera de las ecuaciones de posición, usted hallará la posición del encuentro.

En los encuentros, las gráficas también son muy útiles.

Observe la gráfica posición – tiempo para los cuerpos A y B. Busque el punto de encuentro de ambas gráficas y luego fíjese la coordenadas posición y tiempo de ese punto. Este método es más fácil si ya dispone de las gráficas posición – tiempo, pero puede resultar menos exacto que el método analítico explicado anteriormente.

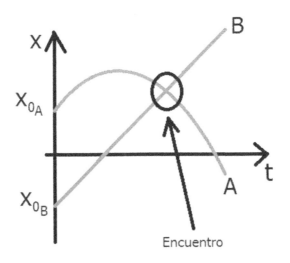

Proyectiles

El movimiento de proyectiles es, sin dudas, uno de los ejemplos más interesantes y ricos en procedimientos y conceptos para estudiar, desde la perspectiva de la cinemática.

Podemos descomponer el movimiento de proyectiles en un M.R.U, horizontalmente, ya que no actúan fuerzas en esa dirección y por lo tanto no hay aceleración. Y un movimiento de caída libre, verticalmente, ya que la aceleración que actúa en esa dirección es la gravitatoria.

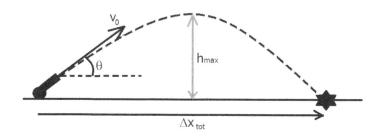

Componentes horizontal y vertical de la velocidad inicial:

Lo primero que necesitamos conocer o plantear, son las componentes horizontal y vertical de la velocidad inicial. Usando trigonometría, obtenemos las siguientes expresiones:

$$v_{0x} = v_0.\cos\theta$$
$$v_{0y} = v_0.\text{sen}\,\theta$$

El planteo de las siguientes ecuaciones, se obtiene del análisis del movimiento en cada dirección.

Posición vertical: $y = y_0 + v_{0y}.\Delta t - \frac{1}{2}g.\Delta t^2$

Velocidad vertical: $v_y = v_{0y} - g.\Delta t$

Aceleración vertical: $a = -g = -9,8 m/s^2$

Posición horizontal: $x = x_0 + v_x . \Delta t$

Altura máxima del proyectil:

El análisis es idéntico al de caída libre,

$$h_{max} = y_0 + \frac{v_{0y}^2}{2g}$$

Desplazamiento total:

Encuentre el tiempo de vuelo igualando la posición vertical a cero, llamemos t' a ese tiempo. Al reemplazar en la ecuación de posición horizontal y despejar se obtiene la siguiente expresión:

$$\Delta x_{tot} = v_x . t'$$

Cinemática II: Rotaciones

Podemos estudiar el movimiento de rotación de un cuerpo haciendo un paralelismo con la cinemática clásica que ya conocemos de traslación. Es decir, cada magnitud traslacional tiene su análoga rotacional.

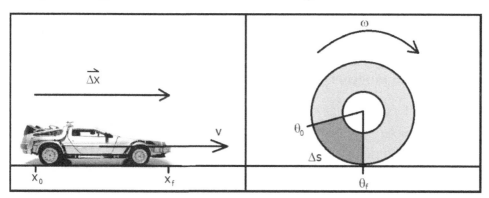

Magnitudes de la cinemática rotacional

Desplazamiento angular

Se define como el ángulo recorrido por el cuerpo en rotación, es decir la posición angular final menos la posición angular inicial:

$$\Delta\theta = \theta_f - \theta_i$$

Recuerde medir los ángulos en radianes.

Velocidad angular

Se define como el cociente entre el desplazamiento angular y el tiempo empleado para ese desplazamiento. Es una magnitud pseudovectorial, ya que será posible asignarle características de vector, utilizando la regla de la mano derecha. Pero en la mayoría de los problemas, es conveniente trabajar con el concepto escalar:

$$\omega = \frac{\Delta\theta}{\Delta t}$$

Aceleración angular

Es el cambio en la velocidad angular por unidad de tiempo. Se define como el cociente entre la variación de la velocidad angular y el tiempo empleado para que ocurra dicha variación:

$$\alpha = \frac{\Delta\omega}{\Delta t}$$

Velocidad tangencial

Es la velocidad de las partículas del cuerpo en rotación a cierta distancia R del centro o eje de rotación. A mayor distancia, para una misma velocidad angular, mayor será la velocidad tangencial.

$$v_t = \omega . R$$

Período:

Se define como el tiempo que transcurre para una rotación completa.

$$T = \frac{2\pi}{\omega}$$

Frecuencia:

Es la cantidad de vueltas o rotaciones que efectúa un cuerpo en cada segundo. Se mide en Hz (Hertz).

$$f = \frac{1}{T} = \frac{\omega}{2\pi}$$

Aceleración centrípeta

Es la aceleración de las partículas de un cuerpo en rotación, a cierta distancia R del centro o eje de rotación. Es un vector que se dirige hacia el centro de rotación, y su módulo se calcula:

$$a_c = \frac{v_t^2}{R} = \omega^2 R$$

Ecuaciones del movimiento circular

Las ecuaciones del Movimiento circular (uniforme o uniformemente acelerado) son análogas a las ecuaciones del movimiento rectilíneo.

Posición angular:

$$\theta = \theta_0 + \omega_0 . \Delta t + \frac{1}{2}\, \alpha . \Delta t^2$$

Velocidad angular:

$$\omega = \omega_0 + \alpha . \Delta t$$

Cinemática de la rotación de la Tierra

Consideremos un ejemplo interesante sobre el movimiento circular.

Sabemos que el radio terrestre es de unos 6400Km. ¿Cuál es el período, frecuencia y aceleración centrípeta de una persona en el ecuador terrestre? ¿Cuál es la velocidad tangencial de esa persona?

El período de la Tierra es de 1día, que al convertir en segundos:

$$T = 1\text{día} \times \frac{24\text{h}}{1\text{día}} \times \frac{3600\text{s}}{1\text{h}} = 86400\text{s}$$

En notación científica y con dos cifras significativas sería:

$$T = 8{,}6 \times 10^4 \text{s}$$

Para hallar la frecuencia:

$$f = \frac{1}{T} = \frac{1}{86400\text{s}} = 1{,}2 \times 10^{-5}\,\text{Hz}$$

Luego,

$$a_c = \omega^2 . R = (2\pi f)^2 R$$

$$a_c = (2\pi. 1{,}2 \times 10^{-5}\text{Hz})^2. 6400 \times 10^3\text{m}$$

$a_c = 0{,}036\text{m/s}^2$

Es interesante discutir aquí que este último resultado influye en el peso **aparente** que experimenta una persona en el Ecuador. ¡Investíguelo!

Para terminar, determinemos la velocidad tangencial de la persona,

$$v = \omega. R = 2\pi f. R$$

$$v = 2\pi. 1{,}2 \times 10^{-5}\text{Hz}. 6400 \times 10^3\text{m}$$

$$v = 483\text{m/s}$$

Observe que usted viaja en el Ecuador, más rápido que el sonido, pero nadie lo nota, ¿por qué?

Cinemática III: Oscilaciones

Los movimientos de oscilaciones son muy comunes en la naturaleza. Desde el movimiento de nuestras cuerdas vocales, hasta las vibraciones que experimentamos cuando pasa una aplanadora por la calle, todos son ejemplos de oscilaciones.

Podemos distinguir principalmente tres tipos de oscilaciones:

1. Movimiento Armónico Simple

2. Oscilaciones Armónicas Amortiguadas

3. Oscilaciones Forzadas

Movimiento armónico simple (M.A.S)

En el M.A.S, la amplitud(A) y el período (T) permanecen constantes durante cierto intervalo de tiempo.

Posición, VelocidadyAceleración

Las siguientes ecuaciones, pueden definirse a partir del análisis de la proyección del Movimiento circular uniforme en un eje determinado x o y, el cual da como resultado un M.A.S. También pueden deducirse a partir de las definiciones diferenciales de velocidad y aceleración, al estudiar las fuerzas que actúan sobre el cuerpo oscilante.

Para oscilaciones horizontales:

Posición: $x = A.\cos(\omega t + \varphi)$

Velocidad: $v = -\omega A.\text{sen}(\omega t + \varphi)$

Aceleración: $a = -\omega^2 A.\cos(\omega t + \varphi)$

Para oscilaciones verticales:

Posición: $y = A.\,\mathrm{sen}(\omega t + \varphi)$

Velocidad: $\qquad v = \omega A.\cos(\omega t + \varphi)$

Aceleración: $a = -\omega^2 A.\,\mathrm{sen}(\omega t + \varphi)$

En cada una de estas ecuaciones, además de la amplitud (A) y la frecuencia angular(ω), observamos que aparece una nueva magnitud, llamada ángulo de fase (φ). Esta define las condiciones iniciales del movimiento. Se sugiere estudiar el método fasorial en el capítulo de ondas para entender más sobre su significado y cómo determinarlo.

Gráficos del M.A.S

Todas las gráficas de movimiento (posición, velocidad y aceleración) son sinusoidales. Están acotadas entre dos valores definidos que dependen de la gráfica, y presentan un grado de simetría notable, que las hace fáciles de estudiar y representar. Presentaremos aquí las tres gráficas para una oscilación horizontal, que comienza en su máxima amplitud y dejamos a cargo del estudiante la deducción de los demás casos.

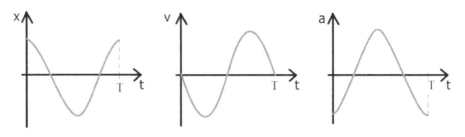

Como se puede ver en las gráficas de más arriba, la gráfica de posición está desfasada un cuarto de período respecto a la de velocidad. La gráfica de aceleración está desfasada medio período respecto a la posición.

Los máximos son la Amplitud, la velocidad máxima y la aceleración máxima respectivamente.

Frecuencia angular

Para trabajar en las ecuaciones de forma dimensionalmente correcta, es preciso definir la frecuencia angular como la frecuencia o el período en relación a una circunferencia completa.

$$\omega = \frac{2\pi}{T} = 2\pi f$$

Péndulo simple y sistema masa - resorte

Comúnmente se estudian estos dos sistemas en el M.A.S, por su gran variedad de aplicaciones en diversos sistemas, tanto mecánicos como electromagnéticos o inclusive cuánticos.

Para péndulos

Frecuencia angular o velocidad angular:

La frecuencia angular es proporcional a la raíz de la aceleración gravitatoria, e inversamente proporcional a la raíz de su longitud. Puede deducirse a partir del análisis de fuerzas en el péndulo.

Es decir, el péndulo oscilará con mayor frecuencia (o menor período) a mayor aceleración gravitatoria. Por otra parte oscilará con menor frecuencia (o mayor período) a mayor longitud del péndulo.

$$\omega = \sqrt{\frac{g}{L}}$$

Período:

$$T = 2\pi \sqrt{\frac{L}{g}}$$

Para el sistema masa – resorte

Frecuencia angular o velocidad angular

La frecuencia angular es directamente proporcional a la raíz de la constante del resorte e inversamente proporcional a la raíz de la masa.

Es decir, para resortes duros (k alta), el sistema oscilará con mayor frecuencia (menor período). Por otra parte para sistemas con mucha masa, el sistema oscilará con menor frecuencia (o mayor período).

$$\omega = \sqrt{\frac{k}{m}}$$

Período:

$$T = 2\pi\sqrt{\frac{m}{k}}$$

Oscilaciones amortiguadas

Son oscilaciones donde la Amplitudno permanece constante durante el intervalo de tiempo estudiado, en su lugar esta decrece.

Aparece aquí una fricción, que en caso de ser función de la velocidad, genera un decaimiento exponencial de la amplitud. La fricción también puede ser constante, lo que genera un decaimiento lineal.

Amplitud:$A = A_0 . e^{-\beta t}$

Posición:$x = A_0 . e^{-\beta t} . \sin(\omega t + \varphi)$

Donde A_0 representa la amplitud inicial y β el coeficiente de amortiguamiento del movimiento, que será mayor cuanto mayor sea la amortiguación o bien la fricción con el medio.

Oscilaciones forzadas y resonancia

En este tipo de oscilaciones se encuentra la acción de una fuerza externa, comúnmente sinusoidal. Esto hace que el sistema oscilante acople su frecuencia con el de la fuerza externa, pero generalmente con pequeñas amplitudes.

Sin embargo, en ocasiones la fuerza externa actúa con la misma frecuencia que la frecuencia natural de oscilación del sistema, en este caso decimos que el sistema entra en resonancia.

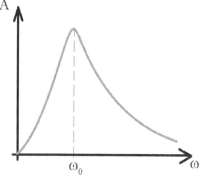

Observemos que el máximo de la gráfica corresponde a una frecuencia angular característica, la frecuencia de resonancia. Es entonces cuando la amplitud aumenta muchísimo, en virtud de la transferencia de energía de la fuente que genera el movimiento, sincronizada con el sistema.

El "caso" del Tacoma Narrows

Uno de los ejemplos más estudiados en los cursos de Física, como ejemplo del fenómeno de resonancia, ha sido el caso del puente "Tacoma Narrows", de Estados Unidos.

Al parecer, debido a defectos en su construcción, y a inclemencias aún poco claras, el puente comenzó a realizar oscilaciones forzadas con enormes amplitudes y el puente colapsó el 7 de noviembre de 1940.

Sin embargo, los reconocidos profesores uruguayos Álvaro Suárez y Marcelo Vachetta, han estudiado en profundidad el tema y han sugerido que el fenómeno es mucho más complejo, por lo cual no puede atribuirse solo a la resonancia el colapso del puente.

Se ha propuesto que uno de los fenómenos aerodinámicos involucrados puede ser el flameo, una oscilación forzada similar al que ocurre en una bandera.

Se invita al lector a buscar en la web, videos del impresionante colapso del puente.

Dinámica I: Fuerzas y D.C.L (Diagrama del cuerpo libre)

Leyes de Newton

En su tratado "Principia" de 1687, Isaac Newton expuso sus ideas acerca de la mecánica, de una forma rigurosa, incorporando elementos de cálculo, que él mismo desarrolló. Fue una excelente síntesis y las ideas expuestas allí, se mantienen vigentes en cualquier curso introductorio de Física.

Primera ley (Ley de inercia): En la ausencia de fuerzas externas, un cuerpo permanece en reposo o bien con velocidad constante. Esta ley es válida en sistemas de referencia inerciales, esto es, con aceleración nula. Matemáticamente podemos expresar esta ley de la siguiente manera,

$$\sum \overrightarrow{F_{ext}} = 0 \leftrightarrow \overrightarrow{\Delta v} = 0$$

Los cinturones de seguridad son un excelente ejemplo de la ley de inercia en acción. Sin ellos, nuestros cuerpos continuarían con la velocidad que trae un auto aún después de frenar o chocar contra algo. El cinturón entonces interactúa con nosotros y provee la fuerza externa necesaria para evitar que continuemos con velocidad constante y salgamos despedidos. Sí, hay que usar cinturón!

Segunda ley (Principio fundamental de la dinámica): La aceleración que experimenta cualquier cuerpo es directamente proporcional a la fuerza aplicada e inversamente proporcional a la masa del mismo.

En general, expresamos la segunda ley de forma matemática de la siguiente manera,

$$\sum \overrightarrow{F_{ext}} = m.\vec{a}$$

O también,

$$\overrightarrow{F_{neta}} = m.\vec{a}$$

Una de las ecuaciones más bellas e importantes de la física! El ejemplo más común es pensar que cuando empujamos un objeto con una masa grande, como una heladera, acelera poco o nada, pero aplicando la misma fuerza a un objeto de masa pequeña como una pelota de tenis, ésta acelera mucho.

Tercera ley (Ley de acción y reacción): Si un cuerpo A aplica una fuerza neta F_{AB} a otro cuerpo B, entonces el cuerpo B reacciona con una fuerza de igual módulo y opuesta sobre A; llamamos a esta fuerza F_{BA}.

Matemáticamente,

$$\overrightarrow{F_{AB}} = -\overrightarrow{F_{BA}}$$

Observemos un diagrama en el que pueden verse las fuerzas de acción y reacción. Es importante que el lector note que si bien estas dos fuerzas constituyen un par, NO se aplican sobre el mismo cuerpo.

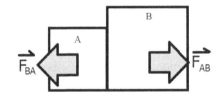

Uno de los ejemplos que más discutimos en clase es sobre el fútbol. Pensemos el caso de un tiro libre, donde estudiamos las fuerzas que actúan sobre la pelota y el pie de un futbolista, por ejemplo Luis Suárez. Podemos en principio pensar que la fuerza sobre la pelota es mayor que la que actúa sobre el pie de Luis. No obstante, nuestra confusión radica en el hecho de que la pelota sale disparada con gran velocidad y no nuestro brillante jugador. Entonces, si pensamos en la segunda ley de Newton, vemos que la explicación radica en que la pelota al tener una masa mucho menor que la de Luisito, adquiere una aceleración mayor.

Peso y masa

Masa: es la cantidad de materia de un cuerpo, es una magnitud escalar que medimos comúnmente en kg, g, o lb. También será útil definir el concepto de masa inercial, como la resistencia que presenta un cuerpo a ser "acelerado", cuando actúa sobre él una determinada fuerza.

Peso: es una fuerza, es la interacción gravitatoria entre el planeta Tierra y un cuerpo.

Es, asimismo, una magnitud vectorial. Y siempre la dibujamos hacia el centro de la Tierra, es decir, en la misma dirección que el campo gravitatorio. Matemáticamente,

$$\vec{P} = m\vec{g}$$

Observemos los siguientes diagramas que muestran cómo debemos representar esta importante fuerza. Siempre vertical hacia abajo.

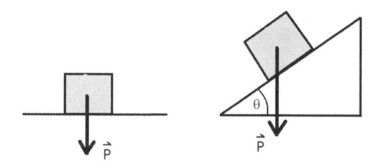

Fuerza Normal

Es la fuerza de reacción del suelo debido a la interacción con el objeto que se apoya sobre él.

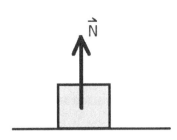 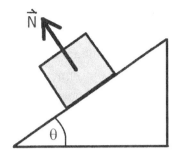

La fuerza normal NO necesariamente es de igual módulo y opuesta al peso. Esto solo ocurre en el caso de que el cuerpo, en reposo o con velocidad constante, se encuentre en un plano horizontal y solo actúe el peso verticalmente.

En un plano inclinado, la fuerza Normal es usualmente igual a la componente del peso en esa dirección.

$$N = m.g.\cos\theta$$

Pero recuerde también, que solo es válido, en el caso de que ninguna otra fuerza externa actúe en esa dirección.

Es decir, no existe una "fórmula" para la normal, es usted el que debe deducir su valor.

Fricción o rozamiento

La fricción es la interacción entre dos cuerpos debido los materiales que los componen. Es el resultado de las fuerzas intermoleculares (o interatómicas si el material es una sustancia simple) entre dos cuerpos y esta aumenta conforme más ásperas son las superficies de contacto, ya que aumenta la interacción entre las partículas que conforman los cuerpos.

La fuerza de rozamiento es directamente proporcional a la fuerza normal.

Para un cuerpo en reposo (Fricción estática máxima):

$$F_f = \mu_s N$$

Para un cuerpo en movimiento (fricción dinámica):

$$F_f = \mu_k N$$

En general, se cumple que el coeficiente de rozamiento dinámico, es menor al estático máximo. Esto es consecuencia de que en reposo, las superficies de los cuerpos pueden lograr una interacción intermolecular (o interatómica) más efectiva. Es decir,

$$\mu_k \leq \mu_s$$

Consideraremos como iguales los coeficientes de rozamiento estático y dinámico para la siguiente tabla.

Tabla de coeficientes de rozamiento para algunos materiales.

Materiales		μ
Aluminio	Acero	0.61
Cobre	Acero	0.53
Latón	Acero	0.51
Hierro	Cobre	1.05
Hierro	Cinc	0.85
Hormigón	Goma	1.0
Hormigón	Madera	0.62
Cobre	Vidrio	0.68
Vidrio	Vidrio	0.94
Metal	Madera	0.2–0.6
Polietileno	Acero	0.2
Acero	Acero	0.80
Acero	Teflón	0.05-0.2
Teflón	Teflón	0.04
Madera	Madera	0.25–0.5

Como ve, no hemos dibujado un D.C.L para la fuerza de rozamiento. La pregunta que me gustaría hacer en este momento es la siguiente: ¿Siempre dibujamos la fuerza de rozamiento contraria al movimiento de un cuerpo? Discútalo con su profesor de Física más cercano.

Empuje

Es la fuerza ascendente que experimenta un cuerpo parcial, o totalmente sumergido, debido a la diferencia de presiones dentro de un fluido (ver fluidos).

Arquímedes descubrió, que el empuje es igual al peso del volumen de fluido desplazado.

$$E = \rho_{H_2O} \cdot V_d \cdot g$$

V_d es el agua desplazada por el objeto sumergido total o parcialmente, en otras palabras, es el volumen del cuerpo sumergido en el agua.

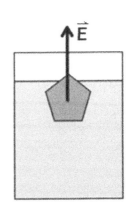

Para cualquier otro líquido o fluido sustituya la densidad del agua por la del líquido o fluido.

Un globo aerostático o un Barco, pueden "Flotar" gracias a esta fuerza, producto de las diferencias de presión a diferentes alturas o profundidades según sea el caso.

Tensión

La tensión es la fuerza que experimenta un cuerpo debido a una o varias cuerdas o língas que puedan sostenerlo.

Observe la imagen de abajo. Se consideran tres cuerpos distintos atados al techo.

84

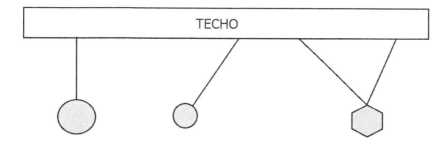

Siempre dibujamos la Tensión en la misma dirección de la cuerda.

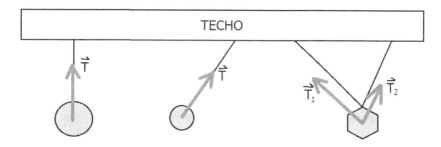

Al igual que en la fuerza Normal, no existe una "formula" para calcular la tensión, el estudiante debe deducirla a partir del análisis de las fuerzas que actúan sobre el cuerpo.

Fuerza elástica, Ley de Hooke.

Cuando comprimimos o estiramos un resorte, podemos experimentar que a mayor fuerza, mayor será su deformación. Hooke, trató de establecer una relación cuantitativa entre estos dos parámetros y encontró que la fuerza elástica es directamente proporcional a la deformación del resorte. Matemáticamente,

$$F_e = -k \cdot x$$

El signo negativo surge porque la fuerza elástica es contraria a la fuerza externa que actúa y por lo tanto a la deformación del resorte.

Fuerza centrípeta

Si consideramos la aceleración centrípeta que apunta hacia el centro de rotación de un cuerpo que efectúa un movimiento circular y aplicando la segunda ley de Newton, podemos deducir que la fuerza centrípeta es:

$$F_c = m\omega^2 R$$

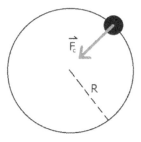

Ley de gravitación universal

Newton encontró una expresión para la fuerza gravitatoria que actúa sobre dos cuerpos de masas m_1 y m_2, separados una distancia r, su módulo es:

$$F_g = \frac{G.m_1.m_2}{r^2}$$

Esta ley nos dice que cualquier sistema formado por dos cuerpos de distintas masas experimentará una atracción proporcional al producto de sus masas e inversamente proporcional al cuadrado de la distancia que los separa. Newton en su momento no fue capaz de medir la constante de gravitación universal G (ver constantes universales).

Para representar esta fuerza consideremos dos cuerpos de masa m_1 y m_2 que se encuentran separados una distancia r.

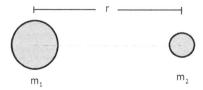

Ahora dibujamos los vectores hacia "adentro", ya que los cuerpos se atraen. El vector que actúa sobre m_1 será $F_{2,1}$ ya que representa la fuerza que ejerce m_2 sobre m_1. El vector que actúa sobre m_2 será $F_{1,2}$, ya que representa la fuerza que ejerce m_1 sobre m_2.

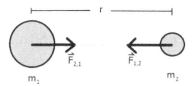

Es fantástico pensar que esta fuerza, es la que ha originado todos los componentes de nuestro universo a nivel macroscópico. Los átomos y moléculas que conforman las nubes de polvo estelar, comienzan a atraerse por la acción gravitatoria formando cúmulos que al condensarse más y más en un volumen menor, comienzan a elevar su temperatura y producir calor. Así se forman las galaxias, estrellas y todos los componentes del universo astronómico.

Interacciones fundamentales

Si bien el anterior análisis, nos permitió tener una visión más clara de cómo se dibujan las fuerzas, es importante entender que la noción de fuerza evoca siempre la interacción entre dos o más cuerpos.

Sin embargo, la naturaleza de las fuerzas no es sencilla y hasta el momento se han clasificado en 4 las interacciones fundamentales.

Fuerza Electromagnética: Es la responsable de la interacción entre las cargas eléctricas, como producto del intercambio de fotones que actúan como partículas mediadoras.

Fuerza Electrodébil: Actúa sobre quarks y leptones y surge como necesidad de explicar, con el modelo actual, ciertos fenómenos vinculados a la Radiactividad y otros fenómenos nucleares.

Fuerza Nuclear Fuerte: Explica la interacción entre núcleos atómicos y quarks a través del intercambio de gluones. Su alcance es muy limitado. Por eso cuando dos protones se alejan lo suficiente, la fuerza nuclear fuerte no puede detener la interacción eléctrica de repulsión entre estas dos partículas y el núcleo puede fisionarse.

Fuerza Gravitatoria: Es la única que aún no ha podido integrarse a una teoría de unificación de todas las fuerzas. Einstein mismo intentó sin éxito, durante gran parte de su vida, buscar una unificación de todas las interacciones. La fuerza gravitatoria es la responsable de la atracción entre todos los cuerpos con masa, mediante el intercambio de gravitones (partículas que aún poseen el estatus de conjetura). Los gravitones aún no han sido detectados y actualmente el programa Einstein@home, entre otros, se encuentra abocado al estudio de las ondas gravitacionales, lo que podría arrojar nuevas respuestas sobre la existencia (o no) de estas partículas.

Dinámica II: Energía y cantidad de movimiento

El análisis de fuerzas, es sin dudas uno de los modelos que nos permiten resolver gran cantidad de situaciones problemáticas para comprender el estado y la evolución de un sistema físico. No obstante, el álgebra vectorial, puede resultar muchas veces complejo y eso ha llevado a los físicos a plantear nuevas estrategias utilizando métodos matemáticos más sencillos. Surge así una nueva "herramienta" de análisis de las situaciones físicas que es el estudio de la Energía.

Se introducen nuevos conceptos que involucran principalmente magnitudes escalares, las cuales sabemos que son en general más sencillas de analizar.

Trabajo

Se define como el producto escalar entre la fuerza aplicada sobre un objeto y el desplazamiento recorrido. Es una magnitud, por definición, escalar; y puede entenderse que al realizar un trabajo sobre un cuerpo estaremos modificando su energía.

Trabajopara fuerzas constantes(como producto escalar)

$$W = \vec{F}.\overrightarrow{\Delta x}$$

Usando la definición de producto escalar,

$$W = \|\vec{F}\|.\|\overrightarrow{\Delta x}\|.\cos\theta$$

Una definición más formal nos lleva a plantear, en el caso de que la fuerza no sea constante la siguiente integral:

$$W = \int_{x_0}^{x_f} \vec{F}.\overrightarrow{dx}$$

Gráficamente se puede interpretar como el área debajo de la curva Fuerza – posición, F=f(x).

Energía cinética

Desde la escuela primaria, hemos escuchado que un cuerpo en movimiento tiene energía. La energía cinética depende de la masa y la velocidad de un objeto. Un pajarito en pleno vuelo, puede tener más energía cinética que un auto, si este está en reposo.

La energía cinética de un cuerpo de masa m, que se mueve con una velocidad v, respecto a un sistema de referencia determinado es:

$$K = \frac{1}{2}m.v^2$$

(Usaremos en este libro la letra K por la palabra inglesa kinetic, ya que será útil que el alumno se familiarice con esta notación universalmente aceptada, sin embargo es muy común que se utilicen en los cursos la abreviación E_c)

Energía potencial gravitatoria

Para un objeto de masa m, que se encuentra a cierta altura respecto a

un sistema de referencia y en presencia de un campo gravitatorio, la energía potencial gravitatoria será:

$$U_g = m.g.h$$

Vemos que cuanto mayor sea la altura y la masa del objeto, mayor será la energía potencial gravitatoria. Además un mismo objeto a la misma altura respecto al suelo en la Tierra, posee menor energía potencial gravitatoria que en Marte o la Luna, pues el campo gravitatorio es menor en estos últimos respecto a nuestro planeta.

Energía potencial elástica

Para un resorte de constante k que se deforma (comprime o estira) una distancia x, la energía potencial elástica se calcula:

$$U_e = \frac{1}{2}k.x^2$$

Energía mecánica

Se define como la suma de las energías cinética, potencial gravitatoria y potencial elástica.

$$E = K + U_g + U_e$$

Por el momento, la energía mecánica parece solo un artilugio matemático. No obstante al estudiar las leyes que gobiernan cualquier situación física, todos los conceptos anteriores serán de gran ayuda.

Conservación de la energía

Si el trabajo de las fuerzas no conservativas (como la fricción) es nulo, entonces la energía mecánica se conserva.

$$W_{FNC} = 0 \leftrightarrow \Delta E = 0$$

Si bien es cierto que es prácticamente imposible eliminar la fricción de un sistema. En muchas situaciones ésta se hace despreciable o actúa durante un tiempo tan corto que podemos aplicar este principio de forma adecuada.

Uno de los ejemplos más comunes, es el análisis de una piedra que cae desde cierta altura h, pequeña por supuesto, y se desea averiguar la velocidad con la que impacta en el piso. Si despreciamos el rozamiento:

$$E_i = E_f$$

La energía inicial es sólo potencial gravitatoria, ya que la piedra parte del reposo. Inmediatamente comienza a perder esta energía y comienza a ganar velocidad producto de la conversión de la energía potencial a cinética.

$$U_g = K$$

$$m.g.h = \frac{1}{2}m.v^2$$

Observemos que este análisis, nos permite comprender que la velocidad de impacto v, no depende de la masa, porque en la línea anterior ésta se cancela. Esto fue precisamente lo que demostró Galileo cuando tiró dos cuerpos de distinta masa desde lo alto de la torre de Pisa en el siglo XVII. Algunos historiadores han desacreditado a Galileo y lo atribuyen al astrónomo Giovanni Riccioli, quien realizó el experimento en 1644. Pero quienes admiramos a Galileo, creemos que esto no es más que otra de las tantas injusticias que se cometió contra  el genial físico para desacreditar su trabajo durante la inquisición. Prosigamos con la deducción,

$$g.h = \frac{1}{2}v^2$$

Finalmente despejamos la velocidad y obtenemos:

$$v = \sqrt{2gh}$$

El lector puede divertirse un rato, suponiendo que en el suelo hay un resorte de constante k y tratando de averiguar cuánto se comprime si le cae la piedra encima.

Teorema trabajo energía

El trabajo realizado por fuerzas no conservativas es igual a la variación de la energía mecánica.

$$W_{FNC} = \Delta E$$

Este teorema, es una de las herramientas más poderosas para analizar situaciones problemáticas en donde actúa el rozamiento o cualquier fuerza externa no conservativa.

Un clásico de todos los cursos de física, es analizar el derrape de una rueda en una frenada.

Suponga que el coeficiente de rozamiento entre la rueda y el asfalto es μ y que un vehículo viaja a una velocidad v, antes de frenar. Generalmente se desea averiguar cuánta distancia recorre el vehículo antes de frenar. Hagamos el análisis:

$$W_{FNC} = \Delta E$$

$$F_{roz}.\Delta x.\cos(180°) = E_f - E_i$$

$$F_{roz}.\Delta x.(-1) = 0 - K$$

$$-\mu.\,N.\,\Delta x = -\frac{1}{2}m.\,v^2$$

$$\mu.\,m.\,g.\,\Delta x = \frac{1}{2}m.\,v^2$$

Observemos que nuevamente el resultado no depende de la masa del vehículo, es decir que derrapa igual un auto o una camioneta mientras el coeficiente sea igual (lo que en general es muy difícil).

$$\mu.\,g.\,\Delta x = \frac{1}{2}v^2$$

Despejamos la distancia y obtenemos,

$$\Delta x = \frac{v^2}{2\mu.\,g}$$

Algunas interpretaciones interesantes que me gusta discutir aquí son que, en primer lugar si el vehículo viene al doble de la velocidad, recorre cuatro veces más hasta detenerse. Por otro lado en un planeta con menor campo gravitatorio (observe g dividiendo) un auto frena peor.

Es de suma importancia que si usted busca una mayor comprensión de los fenómenos físicos, abandone de a poco la "seguridad" de los ejercicios con datos numéricos y se embarque en el análisis de situaciones abiertas y ejercicios paramétricos (solo con letras) como los que hemos estudiado en esta sección. Esto le permitirá adquirir una mayor capacidad de análisis que le acompañará toda la vida.

Potencia media

¿En qué se diferencia un Ferrari de un Fiat 600? (además del precio). También podemos pensar una carrera de 100m en comparación con un maratón de 10Km. La diferencia fundamental entre estas situaciones es la Potencia que desarrollan los cuerpos estudiados. Se define potencia al cociente entre la variación de la energía en un sistema y el tiempo que transcurre para esa variación. Los sistemas que disipan o entregan mucha energía en un breve lapso de tiempo, desarrollan una mayor potencia frente a aquellos que disipan o entregan energía en un lapso mayor de tiempo.

Matemáticamente:

$$\bar{P} = \frac{\Delta E}{\Delta t}$$

Para sistemas en los que la velocidad de los cuerpos se mantiene contante al aplicar diferentes fuerzas, es posible definir una potencia media para cada fuerza y se obtiene la siguiente expresión:

$$\bar{P} = \vec{F}.\vec{v} = \|\vec{F}\|.\|\vec{v}\|.cos\theta$$

Observe que la potencia es mayor para las fuerzas que son colineales y en el mismo sentido que la velocidad.

Cantidad de movimiento e impulso

Cantidad de movimiento (o momentum)

Se define como el producto entre la masa de un cuerpo y su velocidad respecto a un sistema de referencia.

$$\vec{p} = m\vec{v}$$

Impulso (Forma integral)

Es una magnitud vectorial que relaciona la fuerza que actúa sobre un cuerpo y el tiempo que dura la interacción.

$$\vec{J} = \int \vec{F}\, dt$$

Impulso (forma general)

$$\vec{J} = \vec{F}\Delta t$$

Impulso (gráficos)

En una gráfica de Fuerza vs Tiempo, el impulso puede obtenerse a través del área bajo el gráfico para un determinado intervalo de tiempo.

$$\|\vec{J}\| = \acute{A}rea\ [F = f(t)]$$

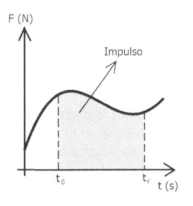

Impulso y cantidad de movimiento

El impulso puede calcularse a partir de la variación de la cantidad de movimiento. Recuerde que es una resta vectorial.

$$\vec{J} = \Delta\vec{p}$$

Conservación de la cantidad de movimiento. Colisiones y explosiones.

En una colisión o una explosión, todas las fuerzas que actúan, son internas al sistema. Por lo tanto la fuerza externa neta es cero, el impulso también y esto tiene como consecuencia que la cantidad de movimiento total de sistema no cambie, es decir, permanece constante.

$$\sum \vec{F}_{ext} = 0 \ \leftrightarrow \ \Delta\vec{p} = 0$$

Un ejercicio que me gusta mucho compartir con mis estudiantes, es el análisis de la velocidad que adquieren dos pedazos de una granada que explota y se parte en dos pedazos de masas m y 2m. Es decir un pedazo es dos veces más grande que el otro. Supongamos que el pedazo más grande sale con una velocidad de 100Km/h. ¿Podremos predecir con qué velocidad sale el otro pedazo más chico?

Aplicando la conservación de la cantidad de movimiento,

$$p_f - p_i = 0$$

$$p_f = p_i$$

96

Como estamos analizando el sistema en su conjunto (toda la granada), vemos que inicialmente ésta se encontraba en reposo, así que la cantidad de movimiento inicial era cero. Por otra parte la cantidad de movimiento final es la suma de los dos pedazos que salen "como bólidos".

$$p_1 + p_2 = 0$$

Supongamos que el cuerpo 1 es el más chico,

$$m_1 . v_1 + m_2 . v_2 = 0$$

$$m . v_1 + 2m . v_2 = 0$$

Una vez más, la masa total no influye en el resultado final!

$$v_1 + 2v_2 = 0$$

$$v_1 = -2v_2 = -200 Km/h$$

ANTES DE LA EXPLOSIÓN

DESPUÉS DE LA EXPLOSIÓN

Vemos que el resultado es coherente con la situación, pues el pedazo más chico, sale con el doble de velocidad y en sentido opuesto.

Conservación de la cantidad de movimiento en dos dimensiones

Si consideramos un choque en dos dimensiones, se cumple para cada eje (x,y) que la cantidad de movimiento se conserva.

$$\sum \vec{F}_{ext} = 0 \leftrightarrow \begin{cases} p_{xi} = p_{xf} \\ p_{yi} = p_{yf} \end{cases}$$

Tipos de colisiones

Colisiones elásticas: en este tipo de colisiones además de conservarse la cantidad de movimiento, también se conserva la energía mecánica del sistema. Esto sucede porque en la interacción, hay un intercambio de energía mecánica entre los cuerpos pero no con el medio. Podemos aproximar muchos choques de rápida interacción, como los que ocurren a nivel atómico y molecular. También en algunos choques rápidos entre objetos como en el Tenis, o el Baseball. La transferencia de energía es rápida y no se disipa prácticamente nada al ambiente.

Colisiones inelásticas: en este tipo de colisiones no se conserva la energía mecánica. Esto se debe a que durante la interacción, los cuerpos intercambiaron energía con el ambiente. Son las colisiones más comunes en los objetos macroscópicos.

Colisiones perfectamente inelásticas: no se conserva la energía mecánica, pero además los cuerpos continúan juntos luego de la interacción. También se pueden considerar las explosiones como parte de estas colisiones pero el análisis es el opuesto.

Dinámica rotacional

Torque

Es una magnitud vectorial, definida como el producto vectorial entre la fuerza que actúa sobre un sistema y la posición respecto a un sistema de referencia. Su cálculo se vuelve útil, cuando analizamos sistemas que se encuentran en equilibrio rotacional, o cuando pretendemos estudiar la rotación de un cuerpo debido a un conjunto de fuerzas que actúan en diferentes partes del mismo.

Torque (como producto vectorial)

$$\vec{\tau} = \vec{r} \times \vec{F}$$

Torque (usando la definición de producto vectorial)

$$\|\vec{\tau}\| = \|\vec{r}\| . \|\vec{F}\| . \operatorname{sen} \theta$$

Cuando queremos aflojar una tuerca o mover algo muy pesado, usamos el Torque, pues una palanca funciona gracias esto. Al aumentar el brazo de la palanca (r), ejercemos un torque mayor con menos fuerza.

Vemos que el ángulo también es importante, cuando la fuerza se aplica perpendicular al brazo de palanca, el torque es más efectivo.

Uno de los ejemplos que más me gusta trabajar en clases es elegir a dos alumnos, uno que se considere "fuerte"y otro debilucho. Se colocan los alumnos a cada lado de la puerta, de forma que el alumno fuerte la empuje a una distancia de unos 20 o 30 cm del eje, mientras que el alumno más débil la empuja como corresponde desde el pestillo (o pomo).

Como el alumno más débil, aumenta mucho su torque al tener más brazo de palanca, logra "empujar" mejor la puerta. Los alumnos suelen celebrar con aplausos esta demostración, sobre todo por la cara de felicidad del alumno más "débil". Siempre termino la demostración diciendo: "No importa tanto la fuerza que apliquemos, sino como la apliquemos", que no es más que otra variante de la célebre frase de Arquímedes: "Dadme una palanca y un punto de apoyo y moveré al mundo".

Momento de inercia

En los sistemas en donde el principal movimiento es de traslación, al estudiar las fuerzas, sabemos que la masa es una magnitud importante para conocer la evolución de dicho sistema. En los sistemas en donde haya un movimiento de rotación, será útil definir una magnitud análoga (similar) a la masa. Definimos pues, el momento de inercia.

Es una magnitud tensorial (pero que trataremos en este libro como escalar) que nos da información de cómo está distribuida la masa respecto a un eje en particular. Su cálculo se vuelve fácil, cuando los cuerpos presentan simetría axial.

En general se considera cada elemento diferencial (pequeño) dm del cuerpo y su distancia r, en general al centro de masas.

Momento de inercia (forma integral)

$$I = \int r^2 \, dm$$

Momento de inercia (notación sigma para cuerpos discretos)

$$I = \sum_{j=1}^{j=N} m_j \cdot r_j{}^2$$

Donde se consideran distintas masas m_j y sus distancias r_j respectivas al eje.

Tabla de momentos de inercia para diferentes cuerpos

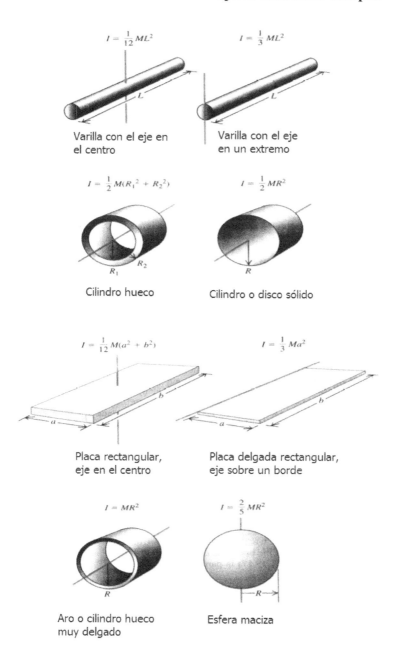

$$I = \frac{1}{12} ML^2$$

Varilla con el eje en el centro

$$I = \frac{1}{3} ML^2$$

Varilla con el eje en un extremo

$$I = \frac{1}{2} M(R_1{}^2 + R_2{}^2)$$

Cilindro hueco

$$I = \frac{1}{2} MR^2$$

Cilindro o disco sólido

$$I = \frac{1}{12} M(a^2 + b^2)$$

Placa rectangular, eje en el centro

$$I = \frac{1}{3} Ma^2$$

Placa delgada rectangular, eje sobre un borde

$$I = MR^2$$

Aro o cilindro hueco muy delgado

$$I = \frac{2}{5} MR^2$$

Esfera maciza

Teorema de Steiner

Es posible calcular el momento de inercia de un cuerpo respecto a cualquier eje paralelo al eje que pasa por el centro de masa:

$$I' = I_{cm} + m_t \cdot h^2$$

Siendo m_t la masa total y h la distancia desde el centro de masa al nuevo eje paralelo.

Momento angular

Es una magnitud vectorial, extremadamente útil para estudiar, de forma más sencilla, los sistemas rotacionales principalmente. Se define como el producto vectorial entre el vector posición respecto a un sistema de referencia y la cantidad de movimiento del cuerpo.

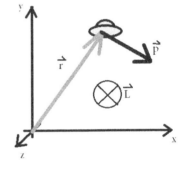

$$\vec{L} = \vec{r} \times \vec{p}$$

Como se aprecia en la imagen, si definimos un sistema de referencia y dibujamos el vector posición r y la cantidad de movimiento del objeto que queremos estudiar, podremos representar también la cantidad de movimiento. En este caso al igual que el torque se puede dibujar en cualquier lugar del diagrama, siempre respetando la dirección y sentido dados por la regla de la mano derecha.

En general abordaremos problemas en donde el ángulo entre el vector posición y la cantidad de movimiento es recto.

En los casos en donde se aprecia una simetría circular, si consideramos un objeto de masa m orbitando alrededor de un eje fijo, es fácil notar que para el módulo de L:

$$|\vec{L}| = |\vec{r} \times \vec{p}| = r(mv)$$

$$L = rm\omega r = (mr^2)\omega$$

Y si hemos hecho los deberes, no tardaremos en reconocer lo que está dentro del paréntesis en la ecuación final, es el momento de inercia.

Finalmente escribimos:

$$L = I\omega$$

Muchas veces se suele definir un pseudovector $\vec{\omega}$ que resulta del producto vectorial entre r y v.

$$\vec{\omega} = \vec{r} \times \vec{v}$$

Si por ejemplo consideramos un disco girando en sentido antihorario, notaremos que este pseudovector apunta hacia arriba del disco.

Podemos escribir de una manera un poco más formal la relación entre L y ω, de la siguiente manera:

$$\vec{L} = I\vec{\omega}$$

Estas ecuaciones siguen siendo válidas para cualquier objeto en el que pueda calcularse su momento de inercia, y es independiente si su velocidad angular se mantiene constante o no.

Conservación del momento angular

Por sí solo, el cálculo de L no resulta útil, sin embargo vale la pena detenernos a pensar qué sucede si sobre el sistema que analizamos no actúan torques externos.

Para que resulte sencillo comprender, pensemos en un cilindro que gira en un eje con rozamiento despreciable con una velocidad angular $\vec{\omega}$.

Si no actúan torques externos, entonces no habrá tampoco una aceleración angular y $\vec{\omega}$ permanecerá constante.

Además, si consideramos un rígido, en donde no se modificará el momento de inercia I, entonces llegamos a la conclusión de que L permanecerá constante.

Hemos encontrado otra magnitud que se conserva!

Si sobre un sistema no actúan torques externos, el momento angular se conserva.

$$Si \sum \overrightarrow{\tau_{ext}} = 0 \rightarrow \Delta\vec{L} = 0$$

Al igual que en el caso de las colisiones, este principio nos resultará muy útil cuando consideramos un sistema formado por dos cuerpos que rotan respecto a un mismo eje y se acoplan, como un embrague por ejemplo.

Si el sistema puede modificar su momento de inercia, por estar formado de varias piezas móviles, entonces compensará su momento angular modificando la velocidad angular.

Considere como ejemplo, dos discos de masas m y 2m, cuyos radios son R y 3R respectivamente. El disco mayor se encuentra girando a con una frecuencia f y se le acopla el segundo disco que inicialmente estaba en reposo. ¿Cuál será la frecuencia final del sistema?

Como vemos en la imagen, consideraremos que el disco más grande se encuentra debajo girando y que el segundo disco, inicialmente en reposo, bajará y se acoplará al primero, girando ambos a una frecuencia que demostraremos será menor.

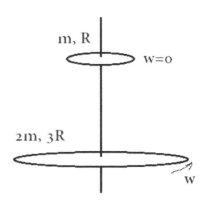

Según el principio de conservación del momento angular, en este sistema no actúan torques externos, por lo tanto L se conserva.

$$L_{inical} = L_{final}$$

$$I_0\omega_0 = I_f\omega_f$$

Vemos que en este caso el momento de inercia inicial solo contempla al cuerpo que está en movimiento que es el disco grande y al final como son dos discos los que se mueven juntos debemos sumar ambos momentos de inercia. Y qué ventaja que son magnitudes escalares!

$$I_0 = \frac{1}{2} . 2m . (3R)^2 = 9mR^2$$

$$I_f = \frac{1}{2} . m . R^2 + 9mR^2 = \frac{19}{2} . m . R^2$$

$$I_0 \omega_0 = I_f \omega_f$$

$$9mR^2 \omega_0 = \frac{19}{2} mR^2 \omega_f$$

Despejando la frecuencia angular:

$$\omega_f = \frac{18}{19} \omega_0$$

$$\omega_f \approx 0{,}95 \omega_0$$

Es decir que el sistema queda girando con el 95% de la frecuencia inicial.

Gatos, bailarines y estrellas de neutrones

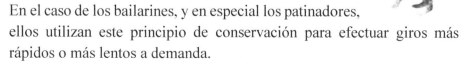

Para terminar, evocaremos tres ejemplos muy interesantes en los cuales se conserva el momento angular.

Los gatos, son muy conscientes del principio de conservación del momento angular. Al caer, ellos pueden girar su cola, haciendo que el momento angular de la cola, se contrarreste con el del cuerpo, girando en sentido opuesto. Esto le permite al gato caer de forma correcta sobre sus patas.

En el caso de los bailarines, y en especial los patinadores, ellos utilizan este principio de conservación para efectuar giros más rápidos o más lentos a demanda.

Consideremos una patinadora que efectúa un giro a una frecuencia angular ω_1 con los brazos extendidos. Como el momento de inercia depende de la distancia de los brazos al eje de giro (ubicado en el cuerpo), tendrá un momento angular I_1.

Suponga que en determinado momento, ella contrae sus brazos, disminuyendo su momento de inercia a la mitad. Entonces:

$$I_2 = \frac{1}{2}I_1$$

Luego aplicando el principio de conservación,

$$L_{inical} = L_{final}$$

$$\omega_1 I_1 = \omega_2 \frac{1}{2} I_1$$

Despejando la frecuencia angular final vemos que,

$$\omega_2 = 2\omega_1$$

Y concluimos que la patinadora gira el doble de rápido.

Finalmente, las estrellas de neutrones, constituyen otro hermoso ejemplo del principio de conservación del momento angular a escala astronómica.

En el ciclo vital de las estrellas, muchas supernovas, de varios miles de kilómetros de radio, colapsan y se transforman en estrellas de neutrones cuyos radios son de apenas 10 o 20Km.

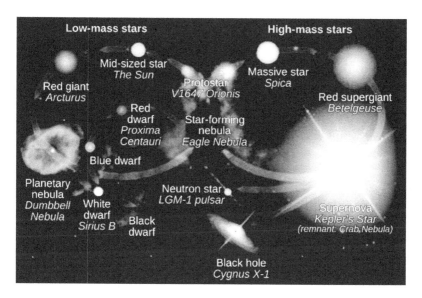

En ese proceso, al disminuir tan drásticamente el momento de inercia del objeto celeste, la estrella de neutrones gana una frecuencia angular enorme. Esto hace que puedan emitir ondas de radio y sean detectadas desde la Tierra como púlsares.

Energía cinética rotacional

Si un cuerpo no tiene movimiento de traslación pero sí de rotación, igual tiene energía cinética y esta es directamente proporcional al momento de inercia y al cuadrado de su frecuencia angular.

$$K_{rot} = \frac{1}{2} I \omega^2$$

Elasticidad

En el estudio de los materiales, específicamente sólidos deformables, es posible determinar una relación entre la fuerza que actúa sobre un cuerpo y su deformación. Young, extendió el trabajo de Hooke pero no solo para resortes sino para cualquier objeto deformable.

Esfuerzo y deformación unitaria

Esfuerzo

Es el cociente entre la fuerza aplicada y el área transversal, muy similar a la presión.

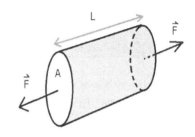

$$\sigma = \frac{F}{A}$$

Deformación unitaria

Es el cociente entre la deformación de un material y su longitud inicial.

$$\varepsilon = \frac{\Delta L}{L}$$

Módulo de Young

Similar a la constante de Hooke, es un parámetro que depende del material sometido a distintos esfuerzos de tracción o contracción. A mayor módulo de Young, el material experimentará una deformación menor frente a los esfuerzos.

$$E = \frac{\sigma}{\varepsilon} = \frac{F.L}{A.\Delta L}$$

A partir de esta definición es posible deducir una relación entre la deformación unitaria y el esfuerzo:

$$\sigma = E.\varepsilon$$

Gráficamente, la relación es similar a la deformación de un resorte.

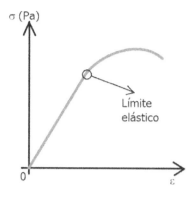

Tabla de módulos de Young para diferentes materiales

Material	Módulo de Young (N/m^2)
Acero	2.10×10^{11}
Aluminio	6.90×10^{10}
Plomo	1.70×10^{10}
Vidrio	6.00×10^{10}
Hormigón	3.00×10^{10}
Agua	2.30×10^{9}
Aire	1.43×10^{5}

Fluidos

Hidrostática

En hidrostática, estudiaremos aquellos fluidos que estén en reposo (quietos) respecto a un sistema de referencia.

Densidad

Se define como el cociente entre la masa de un cuerpo o una sustancia y el volumen que ocupa.

$$\rho = \frac{m}{V}$$

Presión

Es el cociente entre la fuerza aplicada sobre un cuerpo o fluido y el área en la cual actúa esa fuerza. Es, en definitiva la fuerza por unidad de superficie. Es una magnitud escalar y se mide en pascales (Pa).

$$P = \frac{F}{A}$$

Presión atmosférica

Se define como la fuerza por unidad de superficie que ejerce el aire de nuestra atmósfera sobre la superficie terrestre. También podemos hallarla en cualquier punto de la atmósfera y se ha comprobado experimentalmente que esta es menor conforme aumenta la altura respecto a la superficie terrestre.

La presión atmosférica media a nivel del mar es:

1 Atm = 1,0133 bar = 101,3 kPa (1013 hPa)

En 1656 se llevó a cabo en Magdeburgo una experiencia por parte de Otto Von Guericke en la cual se unían dos hemisferios generando en su interior el vacío, y quedando estos "apretados" por la acción de la presión atmosférica sobre ellos. Fueron necesarios 8 caballos tirando para poder separarlos.

Principio fundamental de la hidrostática

Este principio establece que la variación de la presión dentro de un fluido será directamente proporcional la densidad del mismo, a la profundidad a la cual nos sumergimos y a la aceleración gravitatoria en donde se encuentre el fluido.

$$\Delta P = \rho . g . h$$

Lo que nos lleva a la ecuación para calcular la presión en cualquier punto del fluido.

$$P(h) = P_0 + \rho . g . h$$

Gráficamente, podemos representar la presión en función de la profundidad de forma sencilla, ya que la relación es lineal.

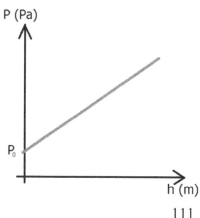

111

Si trabajáramos con el estudio de la presión en el mar o en un lago, P_0 sería la presión atmosférica, la aceleración gravitatoria sería $g=9,81 m/s^2$, y la densidad del agua se tomaría como $1000 Kg/m^3$, en el caso de agua dulce y $1030 Kg/m^3$ para el agua salada (del mar).

Principio de Arquímedes

El rey Herón, tirano de Siracusa, encomendó a Arquímedes que verificara la autenticidad de una corona que había hecho un orfebre. El rey había pedido que se utilizara cierto porcentaje de oro y plata para su confección, y cuando recibió la corona sospechó algo raro. El célebre científico, matemático y filósofo se encontraba reflexionando sobre este problema durante un baño, cuando se dio cuenta que su cuerpo desplazaba  una determinada cantidad de agua al ingresar a la bañera, y que ésta podía ser recogida y medirse para determinar el volumen sumergido. Se cuenta que Arquímedes, gritaba eufórico Eureka! Eureka! (Lo encontré!) mientras corría desnudo por las calles de su ciudad.Este descubrimiento le ayudó a encontrar que la corona no tenía la proporción justa de oro y plata y que el rey Herón mandó eliminar al orfebre.

Debido a las diferencias de presión en los distintos puntos de un líquido, todo cuerpo sumergido en dicho líquido, experimentará una fuerza ascendente, denominada Empuje, que será en módulo, igual al peso del fluido desalojado por el cuerpo.

$$E = \rho_{fluido} \cdot g \cdot V_{sumergido}$$

Cuando un cuerpo queda flotando en un líquido o en un gas, es porque el peso del cuerpo queda igualado por el empuje y el objeto queda equilibrio.

Vemos el 10% de un Iceberg

Con el principio de Arquímedes podemos analizar la validez física de la afirmación "Sólo vemos un 10% de un Iceberg".

En primer lugar, realizamos un D.C.L del Iceberg, y vemos que si está en equilibrio, necesariamente el peso y el empuje deben ser iguales.

$$E = P$$

$$\rho_{fluido} \cdot g \cdot V_{sumergido} = \rho_{iceberg} \cdot g \cdot V_{iceberg}$$

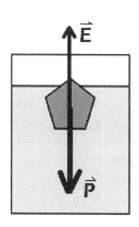

Vemos que el resultado no depende del campo gravitatorio, así que un iceberg en cualquier planeta con agua líquida se comportará de forma similar. Por otro lado, si consideráramos que la densidad del fluido, en este caso agua salada, fuera igual al del Iceberg, llegaríamos a la conclusión de que se sumergiría completamente. Pero no es lo que se observa.

El Iceberg, está formado por agua dulce congelada (hielo), cuya densidad es 917kg/m³. Mientras que el agua salada tiene una densidad de 1030kg/m³. Así que obtenemos,

$$\rho_{Agua\ salada} \cdot V_{sumergido} = \rho_{Agua} \cdot V_{iceberg}$$

$$V_{sumergido} = \frac{\rho_{Agua} \cdot V_{iceberg}}{\rho_{Agua\ salada}} = \frac{917}{1030} V_{iceberg}$$

$$V_{sumergido} = 0,89 \cdot V_{iceberg}$$

El resultado anterior nos muestra que un 89% del Iceberg está sumergido, así que vemos un 11% del Iceberg. El dicho popular es cierto.

Hidrodinámica

Se estudian los sistemas conformados por fluidos que están en movimiento respecto a un sistema de referencia determinado.

Caudal

Se define como el producto de la velocidad de un fluido por el área de la sección transversal que atraviesa

$$Q = A.v$$

Ecuación de continuidad

Si consideramos un fluido que tiene la misa densidad en todos los puntos, entonces se cumple que el caudal permanece constante en todos los puntos de una tubería por ejemplo. Es decir:

$$Q_1 = Q_2$$

O bien en términos del área y la velocidad del fluido:

$$A_1.v_1 = A_2.v_2$$

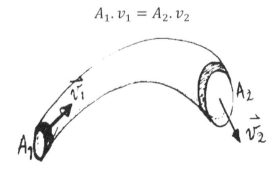

Ecuación de Bernoulli

Aunque un fluido esté compuesto por millones de partículas en movimiento, si éste es incompresible (densidad constante) y despreciamos el rozamiento con las paredes o superficies que lo contienen, podemos entonces aplicar el principio de conservación de la energía mecánica. Es decir, en diferentes partes del fluido, la energía mecánica es constante.

Como consecuencia, aplicando la conservación de la energía y expresándola en términos útiles para el estudio de la hidrodinámica (presión, velocidad del fluido, densidad), se puede deducir la ecuación de Bernoulli, que establece que la siguiente expresión permanece constante:

$$\frac{\rho . v^2}{2} + P + \rho . g . h = cte$$

O bien podemos escribir la ecuación de Bernoulli como una igualdad, que resulta muy útil:

$$\frac{\rho . v_1^{2}}{2} + P_1 + \rho . g . h_1 = \frac{\rho . v_2^{2}}{2} + P_2 + \rho . g . h_2$$

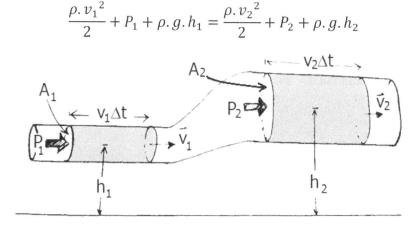

La Física y su enseñanza, con Gustavo Klein

Docente de Física del Consejo de Educación Secundaria y Profesor de Didáctica en Física (CFE). Máster en Ciencias Humanas, Doctor en Educación y ex-coordinador del departamento de Física del Consejo de Formación Docente.

Gustavo Klein, ha sido uno de los referentes de los cuales he aprendido mucho en mi carrera como docente. No solo por la calidad de sus publicaciones, sino también a través de sus diálogos, pausados, llenos de sabiduría.

Conocí a Gustavo como coordinador de Física en Formación docente, y destaco en su labor, la gran capacidad que tiene para generar un clima armonioso. En ese clima, motivaba tanto a alumnos como docentes, a participar y elaborar constantemente propuestas para mejorar el profesorado y la enseñanza toda.

Quisiera compartir esta excepcional entrevista, que en lo personal, me ha aportado una visión muy optimista de la enseñanza de nuestra disciplina y los desafíos que tendremos como educadores. Sin dudas, un gran referente de la Física y su enseñanza.

1. ¿Qué te motivó a enseñar Física?

Ha sido una de las preguntas que me hago por lo menos una vez al año. La respuesta es mucho más compleja como para pensar en un sólo motivo o causa. Todo empezó en algo simple: El amor de un abuelo enseñándome los números básicos antes de comenzar la escuela. Hoy es obvio, pero en la década del 60 me dio una ventaja en matemáticas que se convirtió en un privilegio.

Puedo recordar experiencias negativas y positivas de maestros al comenzar la dictadura, así como la importancia del respeto al trabajo

116

grupal y la ética de la actividad en grupos juveniles donde participé. Quisiera concentrarme en los últimos años de liceo, donde tuve dos excelentes profesores de Física, en 6to del Liceo N°3 Nocturno de Montevideo, que me motivaron a enseñarles a mis compañeros. Esto me llevó a considerar la labor docente como una actividad en la que hay enseñarle a otro, pensar en otros sistemas de referencias, partiendo de su validez y poniendo en duda si la labor del educador es la más adecuada.

A pesar de todo esto, quería ser médico, pero en 6to, con 18 años fui padre y por lo tanto tenía que trabajar. Un profesor me recomendó que trabajara como docente y en Secundaria me recibió el inspector Mario Guerra, que me dio una gran ayuda, eso fue hace más de 35 años.

2. ¿Cómo fue el camino que recorriste para convertirte en profesor de Física de enseñanza secundaria y formación docente, llegando a ser profesor coordinador del área de Física en formación docente en Uruguay?

Producto de la búsqueda de la superación de mis limitaciones. Cuando comencé a trabajar como docente de Física no era necesario poseer título. Pero el factor ético de la labor, la necesidad de asumir la tarea docente como mi actividad profesional me llevó a estudiar en el IPA (Plan 77, 3 años) en el último lustro de la dictadura. Al egresar (en esa época había 60 titulados en Física en todo el país) encontré una gran insatisfacción tanto en Física como en la parte educativa. No podía creer que eso era todo el conocimiento que necesitaba.

En el año 87 comencé la Licenciatura en Educación, egresando en 1991. No aprendí mucho en Didáctica de la Física, pero si en educación dándome una visión global de la problemática educativa. En 1987 también comencé a trabajar en el Laboratorio del IPA, y aunque como ayudante preparador hacía sólo lo necesario, el trato con los estudiantes me permitió "conversar" sobre los problemas didácticos en Física.

En 1989 empecé como profesor de Didáctica, en 1991 delegado de la ATD, en 1996 la Maestría en Ciencias Humanas, en 2005 Asesor Docente de la DFPD, luego fui secretario de una Consejera del CODICEN y en el 2009 inicié el Doctorado en Educación. Cada actividad que realizo trato de observar que me aporta en mi labor como docente. Me gusta aprender.

Con respecto a la Coordinación aparecía como natural que tomará la posta y asumiera el cargo. Voy a contar algunas confidencias: Cuando se elaboró el Plan 2008, se consideró la posibilidad de crear Departamentos Académicos (vieja aspiración de las ATD siguiendo el modelo universitario) pero el problema era cuántos y cuáles serían los primeros.

En mi carácter de Asesor participe en muchas discusiones, acerca de si Física no debería formar un único departamento con Química. Después de muchos esfuerzos se logró que fuera independiente y estuviera entre las primeras a llamarse un Coordinador. Fue un éxito a medias, porque había autoridades que no estaban de acuerdo. En el primer llamado no se presentó ningún docente. A pesar de "presionar" a varios docentes, estos no querían asumir esta responsabilidad. El fracaso avivo la llama de las críticas, así que en el segundo llamado me presente para evitar el vacío y con la condición de que fuera por uno o dos años.

Tenía una "ventaja" por las ATD, conocía el interior del país y además pude participar como docente en las primeras experiencias regionales de Minas y Rivera donde tuve una visión general del profesorado de Física.

Como coordinador me fijé algunos "cuidados": No tratar de sacar ventajas del cargo (en especial en viajes o asistencias a cursos) y profundizar la participación de todos los docentes, con diferentes niveles de profesionalización, pero todos ellos con la capacidad de aportar al Departamento Nacional. No sé si lo logré...

3. Has escrito diversos artículos con el objetivo de generar consciencia sobre la importancia y la necesidad de mejorar la educación de la Física en nuestro país. ¿Qué respuesta de los diversos actores involucrados (alumnos, profesores, directivos, consejeros) has obtenido?

Inversamente proporcional a la jerarquía del cargo. Los estudiantes y los docentes de aula son los más conscientes de las dificultades que presenta la Enseñanza de la Física en el Uruguay y tienen muy buenas ideas de cómo se puede mejorar la misma. El problema de ellos, es como se puede transcender la situación actual.

El profesor no considera valioso su aporte como para colectivizarlo, más allá de su contexto, no lo difunde, ni escribe artículos, siente que siempre le falta "algo". En cambio las autoridades siempre hablan mal de la enseñanza de la Física, de la poca comunicación de los profesores, de la necesidad de más egresados o de desarrollar la actividad educativa en Física, pero frente a posibles soluciones se mira para el costado.

Si se piensa en un Posgrado en Física, se termina en uno de Ciencias; si hay que formar Ayudantes Preparadores, no es necesario porque hay muchos en Biología; si debemos pensar en una formación especial, se generaliza a otras especialidades que no tienen está problemática. En tal sentido el ejemplo del fallido Departamento de Físico – Química iba en esa dirección.

Mi experiencia como asesor y como coordinador me hizo muy escéptico con respecto al aporte de las autoridades superiores, en generar políticas educativas que solucionen los problemas actuales y nos preparen para las nuevas situaciones que enfrentará la enseñanza de la Física. En tal sentido, obviamente hay que considerar a las autoridades para poner en marchas nuevas ideas, pero considero que las ideas vendrán de las bases que "viven" lo que es enseñar Física todos los días.

4. ¿Qué aspectos positivos encuentras en la enseñanza de la Física en nuestro país? ¿Qué aspectos deben mejorarse?

Para responder esta pregunta pienso que lo primero que hay que mejorar es el nivel de investigación en Enseñanza de la Física. Luego, una mejor difusión de las mismas junto a actividades más "caseras": el contar experiencias. Realizar congresos donde participen referentes internacionales en esta disciplina así como facilidades para que docentes intervengan en congresos internacionales.

La posibilidad de crear materiales para el aula, el acercarse a la nuevas tecnologías, sabiendo que son herramientas y, por lo tanto, depende su uso si es conveniente o no para el aprendizaje. Acercarse a lo cotidiano del estudiante como persona y de su contexto, valorizar la enseñanza de la Física en el ámbito de la UTU y en la escuela son algunos puntos claves a mejorar.

Por último lo primero: saber para qué debemos enseñar Física. No con la finalidad de tener un respuesta acabada y estática, sino para que sea una interrogante siempre presente en profesor en el momento que ingresa en el aula.

¿Qué aspectos positivos tiene? Todos los puntos anteriores están aceptados y son parte de la labor docente cotidiana. Estamos en la dirección y sentido adecuado, pienso que hay que profundizarlo como cuerpo docente.

5. ¿Cuál es tu opinión acerca de las oportunidades de crecimiento profesional que tiene actualmente un docente de Física en nuestro país?

El crecimiento personal depende del "punto" de origen. En mi caso, como te comenté más arriba, el obtener el título era una gran oportunidad. En la década del 90 la preocupación era extender esta formación a nivel nacional. Si se quería profundizar se seguía una licenciatura en Física o Educación. Si se aspiraba a un posgrado debería estudiar en el exterior o aprovechar las oportunidades dadas por las universidades en cuanto a Maestrías y Diplomas (nunca en enseñanza de la Física).

120

El nuevo plan supuso la concreción del Posgrado de Didáctica en Ciencias, que tuve la oportunidad de concretarlo, presupuestarlo y formar parte de su Comité, pero luego de una generación, el mismo se "congeló". El posgrado en Ayudante Preparador, que pudimos agregarlo en el Plan 2008 como ejemplo concreto, no se materializó. Por lo tanto el único que funciona adecuadamente es el Diploma de Especialización en Física en convenio con la Universidad.

Esto me da una alegría, porque es una de las propuestas de cuando era coordinador y pienso que debemos apoyar y profundizar dicho diploma. Es más, en el último Encuentro del Departamento de Física traté de mostrar cómo podría adaptarse el mismo, para formar en Física Experimental y en Didáctica de la Física. Si esto se concreta podremos estimular a los docentes para que se sigan profundizando sus conocimientos en consonancia con las aspiraciones de los docentes y las exigencias de los estándares internacionales.

En 1954 egresan los primeros profesores de Física de un instituto de formación docente. Pienso que no es absurdo aspirar que en el 2054 todo los profesores del nivel medio sean titulados en Enseñanza de la Física, todos los profesores de los institutos superiores tengan un posgrado, un 60% de ellos con maestrías y por lo menos un 20% de los profesores de los institutos donde se forman futuros profesores de Física con doctorado. Parece una utopía, pero depende de nosotros que se construya. ♣

Cinco actividades sobre Mecánica

1.De piedra. Esboce las gráficas de aceleración, velocidad y posición en función del tiempo, para una piedra que se lanza hacia arriba con cierta velocidad inicial v_0, alcanza una altura máxima h y luego desciende nuevamente hasta el piso, ubicado a una altura inferior de su mano. Desprecie en todo momento el rozamiento con el aire.

2. Encuentro en un tobogán. Se construye un tobogán recto con un ángulo de 45° y con una altura de 2,0m. Un niño se lanza sentado por el tobogán desde lo alto partiendo del reposo y con un coeficiente de rozamiento de 0,1. Otro niño comienza en ese momento a trepar a una velocidad constante de 1,0m/s hacia arriba del tobogán. ¿Dónde y cuándo se encuentran?

3. Balística. Un arma dispara una bala de masa m sobre un bloque de masa M que cuelga de un hilo. Luego del impacto, la bala se incrusta en el bloque y continúan juntos elevándose una altura h. ¿Qué velocidad tenía la bala antes de incrustarse en el bloque en términos de m, M y h?

4. La carrera. Un aro, un cilindro y una esfera se dejan caer desde un plano inclinado a cierta altura h, partiendo desde el reposo. Todos los cuerpos tienen el mismo radio pero no necesariamente la misma masa. ¿En qué orden llegan al punto más bajo de la rampa?

5. El rescate del submarino. Un submarino con forma de cilindro de radio R, largo L y masa M es rescatado del fondo del mar con una linga de acero de longitud h y radio r. El submarino comienza a ascender con velocidad constante desde el fondo del mar. Determine la deformación de la linga en función de todos los parámetros necesarios.

TERMODINÁMICA

"Para sobrevivir, los seres humanos tienen que consumir alimento, que es una forma ordenada de energía, y convertirlo en calor, que es una forma desordenada de energía."

Stephen Hawking (1942 -)

Termodinámica I: Calorimetría

Escalas de temperatura

Se han desarrollado a lo largo de la historia, diversas escalas para medir la temperatura. No debemos perder de vista, que más allá de nuestra simpatía hacia ciertas escalas o costumbre de usarlas, en todos los casos se manifiesta un cambio físico. Ya sea la expansión del volumen de mercurio o el cambio en la resistencia eléctrica de un circuito, el fenómeno es aprovechado para definir una escala y calcular así la temperatura.

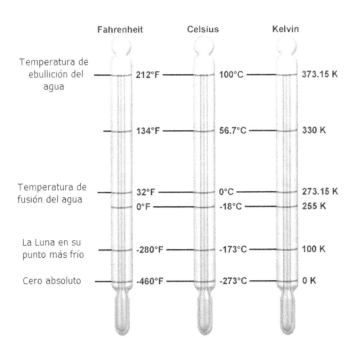

Conversión Fahrenheit a Celsius

$$T_C = (T_F - 32) \times \frac{5}{9}$$

Conversión Celsius a Fahrenheit

$$T_F = \frac{9}{5}T_C + 32$$

Conversión Celsius a Kelvin

$$T_K = T_C + 273,15$$

Conversión Fahrenheit a Kelvin

$$T_K = 273,15 + (T_F - 32) \times \frac{5}{9}$$

Temperatura y energía cinética para los gases

Esta relación es producto de la energía cinética de traslación de las partículas que componen el gas y que depende del número de partículas N, o bien la cantidad de moles n, y la temperatura absoluta T. La constante kB, se define como constante de Boltzmann y la constante R es la constante universal de los gases. Ambas se introducen en la relación para que ésta sea dimensionalmente correcta.

$$K_{tras} = \frac{3}{2} N k_B T = \frac{3}{2} nRT$$

Calor y equilibrio térmico

Cuando dos o más cuerpos tienen diferentes temperaturas, el calor fluye de los cuerpos calientes a los fríos. Esto causa un cambio en la temperaturade cada cuerpo hasta alcanzarse el equilibrio térmico, un estado en el cual todos los cuerpos de un sistema tienen la misma temperatura.

El calor es una magnitud escalar. Se considera también la manifestación macroscópica del movimiento e interacción entre fotones y moléculas.

Relación entre calor y temperatura

Para cuerpos heterogéneos

La variación de temperatura que experimenta un cuerpo es directamente proporcional al calor que recibe. Es decir:

$$\Delta T \propto Q \text{ o bien, } Q \propto \Delta T$$

Podemos sustituir el signo de proporcionalidad por una igualdad si incorporamos una constante. Denominamos "capacidad calorífica" a dicha constante y la representamos con la letra C mayúscula. Esta constante dependerá del cuerpo que será "calentado".

Finalmente podemos expresar la relación entre el calor y la temperatura en su forma más general.

$$Q = C.\Delta T$$

Para sustancias homogéneas

La variación de temperatura que experimenta una sustancia, es directamente proporcional al calor entregado hacia la sustancia e inversamente proporcional a su masa.

$$Q = m.c.\Delta T$$

Calor específico

Se define como el calor necesario para elevar en 1°C, la temperatura de un gramo de una sustancia determinada.

$$c = \frac{Q}{m.\Delta T}$$

Tabla de calores específicos para algunas sustancias

126

Sustancia	Calor específico (cal/g.°C)
Agua (líquida)	1,00
Hielo	0,50
Agua (gas)	0,47
Alcohol Etílico	0,54
Aluminio	0,21
Vidrio	0,12
Hierro	0,11
Cobre	0,09
Plata	0,06
Oro	0,03

Calor latente

Calor de fusión

Es el calor necesario para fundir una sustancia de cierta masa y composición.

$$Q_f = m.L_f$$

Donde L_f, representa el calor latente de fusión, es decir la cantidad de calor necesaria para fundir un gramo de cierta sustancia.

Calor de vaporización

Es el calor necesario para evaporar una sustancia de cierta masa y composición.

$$Q_v = m.L_v$$

Donde L_v, representa el calor latente de vaporización, es decir la cantidad de calor necesaria para evaporar un gramo de cierta sustancia.

Tabla de calores latentes para diferentes sustancias

SUSTANCIA	Calor latente de Fusión kJ/kg	Punto de Fusión °C	Calor latente de vaporización kJ/kg	Punto de Ebullición °C
Alcohol Etílico	108	-114	855	78.3
Amoníaco	332.17	-77.74	1369	-33.34
CO₂	184	-78	574	-57
Helio			21	-268.93
Hidrógeno	58	-259	455	-253
Plomo	23.0	327.5	871	1750
Nitrógeno	25.7	-210	200	-196
Oxígeno	13.9	-219	213	-183
Tolueno	72.1	-93	351	110.6
Trementina			293	
Agua	336	0	2260	100

Para convertira cal/g solo recuerde que 1cal=4,187J

Calorimetría y mates

Consideremos un pequeño ejemplo para poner en práctica algunos de los conceptos termodinámicos vistos hasta ahora.

Supongamos que usted desea preparar unos buenos mates.

Para ello, calienta agua, a una temperatura inicial de 15°C, hasta alcanzar una temperatura de 85°C, temperatura adecuada para tomar el mate según el notable Jacinto "Rulo" Segovia (1930-2012). La hornalla que utiliza, entrega calor a una tasa de 60kcal/min con una eficiencia del 20%. ¿En cuánto tiempo estará listo el mate?

Primero podemos calcular la cantidad de calor necesaria para calentar el agua,

$$Q = m.c.\Delta T = 1000g.\, 1cal/g°C.\, (85°C - 15°C)$$

$$Q = 70000cal = 70kcal$$

La hornalla entrega calor a una tasa de 60kcal/min pero si tienen una eficiencia del 20%, termina entregando:

$$\frac{Q_H}{\Delta t} = 0,20.60kcal/min = 12kcal/min$$

$$Q_H = \Delta t.\, 12kcal/min$$

Si igualamos el calor de la hornalla (con su eficiencia) al calor necesario para calentar el agua obtenemos,

$$Q_H = Q$$

$$\Delta t.\, 12kcal/min = 70kcal$$

$$\Delta t = \frac{70kcal}{12kcal/min} = 5,8min$$

Podemos decir que en unos 6 minutos estamos sirviendo nuestro primer mate.

Termodinámica II: Leyes de los gases y procesos

Ley de los gases ideales

Es una de las leyes más importantes tanto en Física como en Química y nos da una relación útil entre la presión sobre un gas, su volumen, el número de moles, y su temperatura absoluta. Es una generalización de las leyes de Boyle, Charles, Gay-Lussac y Avogadro.

$$PV = nRT$$

Energía interna de un gas ideal

Es la energía cinética del gas, vinculado principalmente al movimiento de traslación de las partículas.

$$U = K = \frac{3}{2} n.R.T$$

Trabajo y presión

Cuando comprimimos un gas o lo expandimos, ya sea usando en émbolo o válvulas, estamos realizando un trabajo sobre él. Éste trabajo, estará vinculado a la presión sobre el sistema y el cambio en el volumen experimentado. Partiendo de la definición operacional de trabajo, podemos deducir una importante expresión utilizada en termodinámica:

Trabajo sobre un gas (forma integral)

$$W = -\int_{V_i}^{V_f} P.\,dV$$

Algo que podemos concluir de esta expresión es que en un gráfico Presión – Volumen, es decir, P=f(V), el trabajo puede hallarse a partir del área debajo de la curva.

Trabajo sobre un gas (a presión constante)

$$W = -P.\Delta V$$

El signo de menos empleado es una convención, para aclarar que el trabajo es efectuado "sobre" el gas y no "por" el gas.

Primera ley de la termodinámica

La variación de la energía interna de un sistema, será igual al calor absorbido por el sistema más el trabajo realizado sobre él.

$$\Delta U = Q + W$$

Procesos termodinámicos

Realizaremos ahora, un recorrido por los principales procesos que pueden efectuarse sobre un gas y que involucran magnitudes como presión, volumen, temperatura, trabajo y calor.

Proceso isotérmico

Es un proceso que ocurre a temperatura constante. Gráficamente, podemos visualizar la curva denominada isoterma, que es típica de una relación de proporcionalidad inversa, puesto que a temperatura constante, la presión es inversamente proporcional al volumen del gas. Empleando el cálculo integral para el trabajo sobre un gas, podemos deducir la siguiente expresión:

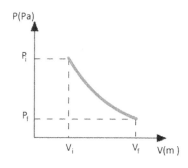

$$W = -n.R.T.ln\left(\frac{V_f}{V_i}\right)$$

Además, como la temperatura permanece constante, el calor que absorbe el gas, será igual al opuesto del trabajo efectuado sobre el gas.

Proceso isovolumétrico o isométrico

Se define como el proceso en el cual el volumen permanece constante, al no haber compresión ni expansión del gas, el trabajo será nulo.

$$W = 0$$

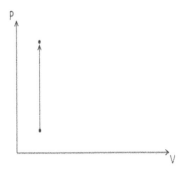

Analizando la primera ley de la termodinámica, podemos concluir que el calor absorbido por el gas, será aprovechado para aumentar su energía interna y por lo tanto notaremos un cambio de temperatura en la muestra de gas, mas no una expansión o contracción del mismo.

Proceso isobárico

Se define como un proceso en el cual la presión del sistema permanece constante.

$$W = - P.(V_f - V_i)$$

El área sombreada en la figura corresponde al trabajo efectuado por el gas. Como estamos empleando la convención de considerar el trabajo efectuado sobre el gas, agregamos el signo de menos.

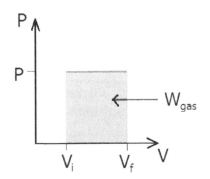

Proceso adiabático

Se define como un proceso en el cual no hay intercambio de calor con el medio.

Es muy difícil en la práctica lograr un proceso adiabático, pero si el proceso es muy rápido o espontáneo, podemos aproximarlo a un proceso adiabático pues el intercambio de calor con el medio es despreciable. Observemos que la curva del proceso adiabático parte de una isoterma y termina en otra.

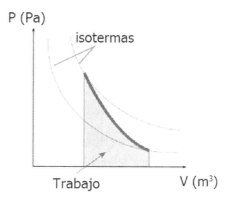

Antes de analizar el trabajo efectuado sobre el gas, debemos definir el calor específico para los gases, el cual depende únicamente del número de moles del gas y así como la disposición molecular, es decir si es monoatómico o diatómico.

Calor específico molar para gases monoatómicos

$$C_V = \frac{3}{2}nR \quad C_P = \frac{5}{2}nR$$

Calor específico molar para gases diatómicos

$$C_V = \frac{5}{2}nR \quad C_P = \frac{7}{2}nR$$

El trabajo sobre el gas puede calcularse de las siguientes maneras:

$$W = C_V.\Delta T \quad \text{o bien,} \quad W = \frac{P_f V_f - P_i V_i}{\gamma - 1}$$

Además,

$$P_f V_f{}^\gamma = P_i V_i{}^\gamma$$

Siendo el coeficiente gamma, el cociente entre los calores específicos a presión constante y a volumen constante respectivamente:

$$\gamma = \frac{C_P}{C_V}$$

Entropía

La entropía está vinculada a la evolución de los sistemas termodinámicos y nos permite encontrar una relación directa con el calor aprovechado en dicho proceso. Es también una medida del "desorden" o aleatoriedad de un proceso y permite clasificarlo en reversible o irreversible.

Es interesante reflexionar sobre el simple hecho de que cuando sostenemos un refresco, el calor fluye en la dirección en la que la mano, se "enfría" cada vez más y el refresco se "calienta". Lo damos por obvio, pero no habría ninguna violación física en cuanto a la conservación de la energía si el proceso ocurriera al revés.

No obstante, aparece aquí la entropía como una magnitud que define en qué dirección ocurren los procesos. Podemos comenzar definiendo una pequeña variación (diferencial) de entropía.

Variación de entropía

$$dS = \frac{dQ}{T}$$

Variación de la entropía en una expansión libre

Es un tipo de expansión en la cual un gas, se libera a un recinto en el cual había una presión menor. Como consecuencia el volumen se expande. La entropía, aumenta según la siguiente la relación.

$$\Delta S = n.R.ln\left(\frac{V_2}{V_1}\right)$$

Donde n es el número de moles del gas, y los volúmenes V_1 y V_2 son el inicial y final respectivamente.

Entropía y probabilidad

134

Podemos encontrar una relación entre la entropía y la cantidad de estados posibles de un sistema (p).

$$S = k_B . \ln p$$

Ecuación que le será muy útil al estudiar la mecánica estadística y en donde k_B es la constante de Boltzmann y p el número de microestados posibles como verá en el siguiente ejemplo.

Tres partículas en una caja

Como ejemplo de la entropía probabilística, imagine una caja cerrada y tres partículas o moléculas idénticas (A, B y C), que rebotan y chocan en sus paredes internas. Considere que la caja se puede dividir en dos mitades con n_1 y n_2, generando diferentes distribuciones denominadas microestados. Se pretende estudiar la probabilidad de que las partículas conformen diferentes configuraciones en la caja.

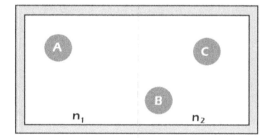

Si dibujamos las distintas configuraciones vemos que hay distintas posibilidades de que puedan arreglarse dentro del recinto.

Configuración	n1	n2	Cantidad de microestados p
I	3	0	2
II	2	1	3
III	1	2	3
IV	0	3	2

Por ejemplo para calcular la cantidad de microestados de la configuración II, observemos que en primer lugar como todas las partículas son idénticas, podemos elegir una y llevarla para el lado izquierdo y luego la segunda, dejando la última del lado derecho. Vemos que, a partir de lo que aprendió en probabilidad y estadística en matemáticas, se puede arreglar esta configuración,

$$p = \frac{N!}{n_1! \, n_2!}$$

La anterior expresión puede denominarse multiplicidad de configuración. N representa la cantidad total de partículas es decir, $n_1 + n_2$. En este caso, para la configuración II,

$$p = \frac{3!}{2! \, 1!} = 3$$

Es decir podemos lograr esa configuración de tres maneras diferentes, porque hay 3 partículas (A,B,C), piense que podríamos dejar del lado izquierdo las partículas: AB, AC o BC, y eso generaría los tres microestados posibles. Pero son todos igualmente probables!

Lo que sí vemos que es más probable es que las partículas se distribuyan de forma que dos estén en una mitad y la tercera en la otra mitad. Si calculamos la entropía para la configuración II, esta sería:

$$S = k_B . \ln p = 1,38 \times 10^{-23} J/K . Ln(3)$$

$$S = 1,52 \times 10^{-23} J/K$$

El valor de S, en sí, tal vez no nos diga nada, pero si calculamos los otros vemos que S es menor, por lo que este estado será el más posible o bien, la evolución del sistema tenderá a llevarlo a esa configuración. El lector puede comprobar que a mayor cantidad de partículas, estas quedarán de forma que las dos mitades tengan la misma cantidad. Lo cual es coherente con la realidad.

Segunda ley de la termodinámica

Existen varios enunciados de la segunda ley de la termodinámica, algunas enfocadas en el rendimiento de las máquinas o el flujo de calor. Nos centraremos en un enunciado más teórico.

Para cualquier proceso, la variación de la entropía del universo siempre será mayor o igual a cero.

$$\Delta S \geq 0$$

Este enunciado, es importante porque marca un sentido temporal, en el que deben ocurrir los sucesos en nuestro universo. En general observamos que todas las cosas van perdiendo su "orden" natural y su entropía aumenta, por ejemplo cuando cae un vaso de vidrio al piso y se rompe. Hasta ahora, no hemos observado que ningún vaso se reconstruya solo y esto marcaría una imposibilidad desde el punto de vista de la segunda ley.

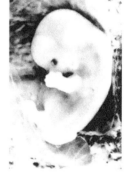

En los cursos de Biología, uno no pude dejar de asombrarse acerca de la formación de los seres vivos en su etapa de desarrollo y como se forman estructuras extremadamente ordenadas a partir de sustancias o compuestos mucho más simples. Esto parece ir en contra de la segunda ley de la termodinámica.

Sin embargo, para que un embrión se forme por ejemplo, la madre debe consumir muchos alimentos que pasarán de una forma ordenada a una desordenada, haciendo que el balance siempre falle a favor del aumento de entropía.

Física, ingeniería y docencia en Uruguay, con Martín Monteiro

Docente de Física y coordinador del Laboratorio de Física de la Universidad ORT Uruguay

Martín Monteiro, es uno de los grandes referentes a nivel nacional en la difusión de actividades científicas y de divulgación. Ha tenido un rol fundamental en el desarrollo e implementación de las olimpíadas científicas en particular de Física y Astronomía, así como los clubes de ciencia. Es además un gran formador de profesores y ofrece año a año excelentes talleres de formación para docentes de Física uruguayos, con novedosas estrategias educativas.

A continuación, Martín comparte con nosotros una pequeña entrevista que nos invita a recorrer junto a él, su camino por el fascinante mundo de la Física.

1. ¿Qué te motivó a estudiar Física?

Desde niño recuerdo que me interesaba todo lo que tuviera que ver con ciencia y tecnología. Me fascinaban las series Cosmos de Carl Sagan y Relaciones (Connections) de James Burke, que alimentaban mi interés por la ciencia en general, en sus más diversas perspectivas. También seguía las revistas Mundo Científico (La Recherche) e Investigación y Ciencia (Scientific American). Recuerdo que me interesaban especialmente aquellos artículos sobre física de partículas pues respondían algunas cuestiones sobre el funcionamiento del mundo, pero al mismo tiempo dejaban interrogantes que alimentaban la imaginación y la expectativa de intentar responderlas. En esa época liceal también me interesé por la electrónica y participé en un par de clubes de ciencias que sirvieron de impulso al desarrollo de la creatividad y al crecimiento de ese sentimiento de confianza de que era posible conjugar ciencia y tecnología y lo más importante de todo, que uno mismo podía hacer ciencia (muy elemental, obviamente) trabajando en equipo. Una etapa maravillosa.

Es así que estudié electrónica y luego comencé la facultad de ingeniería. Por un momento me olvidé de la ciencia básica, de todo aquello que me fascinaba sobre astronomía y física de partículas. Pero en parte eso se debió a que en aquella época ni siquiera sabía que existía una carrera de física. Sabía que había una carrera de profesorado de física, y sabía que había físicos en la facultad de ingeniería, pero no conocía la licenciatura de física como tal.

Solo tiempo después fue que descubrí que la Universidad ofrecía una carrera en física. Y sin dudarlo me inscribí (recuerdo que estaba de viaje y como no llegaba a tiempo para el comienzo de los cursos tuve que pedir una autorización especial al entonces decano Mario Wschebor). Fue en ese momento que realmente todo empezó. Ahí descubrí la amplitud y la profundidad de la física, y volví a enamorarme de la ciencia. Así que en mi caso la motivación por la física es muy variada e intensa, casi de toda la vida, aunque demoró en formalizarse. Es por esto que valoro la importancia de difundir entre los jóvenes toda la oferta de carreras que existen para que se encuentren con ellas lo más temprano posible.

2. ¿Cómo fue el camino que recorriste para convertiste en profesor de Física universitario y referente nacional de las olimpíadas de Física y Astronomía, así como de actividades de la SUF (Sociedad Uruguaya de Física), en especial de divulgación de la ciencia para alumnos de todas las edades?

Hoy me considero apenas un entusiasta de la física que intenta aportar lo que humildemente puede a través de diversas actividades: docencia, divulgación, publicaciones, talleres, olimpiadas de física y de astronomía así como explorar las diversas interacciones entre la ciencia y el arte.

Considero que es un deber contribuir en todo lo que se pueda a la alfabetización científica porque una sociedad democrática solo es posible con ciudadanos libres, capaces de pensar y decidir por sí mismos, y para esto es indispensable que la sociedad se apropie de la ciencia, del conocimiento científico y fundamentalmente de los métodos de la ciencia. Para esto por supuesto que es importante fortalecer a la ciencia en el aula y el laboratorio, pero también debe salir de su ámbito para encontrarse transversalmente con otras áreas y permear a toda la sociedad.

3. ¿Qué diferencia destacarías en las labores que cumple un Físico respecto a un Ingeniero?

La ingeniería y la física tienen muchos puntos en común y de hecho hay muchas actividades de investigación desarrolladas por ingenieros. El perfil del ingeniero está más orientado a la industria, pero esto no limita la posibilidad de que el ingeniero investigue ya sea en la industria como en el ámbito académico, aunque no sea formación específica.

Por su parte la formación de un físico sí está marcadamente orientada hacia la investigación básica, ya sea a nivel teórico como experimental y a publicar los resultados de sus investigaciones en publicaciones especializadas para ser compartida con la comunidad científica internacional y así contribuir al crecimiento del conocimiento científico. Más allá de esto por supuesto que un físico se puede dedicar a muchas otras actividades relacionadas.

4. Sabemos que hay una gran demanda de Ingenieros en todo el mundo, ¿hay también demanda de Físicos y Científicos en general?

El mundo genera una gran cantidad de científicos y sin embargo necesita muchos más todavía. Se necesitan científicos en investigación básica, en investigación aplicada, científicos enseñando y científicos divulgando, llevando la ciencia al público, a la sociedad. Cada vez es mayor el número de científicos requeridos. En los países desarrollados hay unos

140

5 investigadores cada 1000 habitantes. En nuestro país el diez veces menor. Así que se necesitan muchísimos más científicos.

5. ¿Hay Físicos Uruguayos destacados a nivel mundial?

Nuestro país tiene muchos físicos destacados, que no solamente son reconocidos por sus pares a nivel mundial sino que además son referencias en sus respectivas áreas de especialización: Arturo Lezama, Jorge Gambini, Álvaro Mombrú, Carlos Negreira, José Ferrari, Julio Fernández, Raúl Donángelo, Erna Frins, Cecilia Cabeza, Arturo Martí, Marcelo Barreiro, Ernesto Blanco, Nicolas Wschebor, Ricardo Marotti, Ismael Núñez, Hugo Fort, Gabriel González, Horacio Failache, Tabaré Gallardo, Gonzalo Tancredi, Ariel Moreno, Daniel Ariosa, Daniel Perciante, Alejandro Romanelli, etc.

Y por supuesto que hay físicos destacados en el extranjero: Rafael Porto, Verónica Motta, Alfredo Dubra, entre otros. ♣

Cinco actividades sobre Termodinámica

1. Escalas de temperatura. Determine en las tres escalas discutidas en el libro, las temperaturas de los siguientes ejemplos: Cero absoluto, Fusión del hielo, refrigerador típico, temperatura ambiente de invierno, temperatura ambiente de verano, ebullición del agua, temperatura externa del Sol.

2. Agua fresca. Se colocan 2 cubos de hielo de 20g (a 0°C) en un vaso con 300cm^3 de agua inicialmente a 20°C. ¿Cuál será la temperatura final del agua luego de alcanzarse el equilibrio térmico? Suponga una baja transferencia de calor hacia o desde el ambiente.

3. Al calor del Sol. Nuestro planeta recibe en un típico día soleado una intensidad de 1000W/m^3. Suponga que los rayos inciden verticalmente sobre una superficie de un balde de cierto diámetro, en cuya superficie se ha formado una fina capa de hielo a 0°C y de 5,0mm de espesor. Suponiendo que el sol es la única fuente de calor que recibe la superficie de hielo, ¿en cuánto tiempo se funde completamente?

4. Globo termodinámico. Un globo se llena con helio a una temperatura inicial T_0 y una presión P_0. Luego, a volumen constante experimenta un aumento de presión hasta alcanzar el doble de la presión inicial. Finalmente experimenta una expansión isotérmica hasta alcanzar el doble del volumen que tenía. Determine la presión final del globo en función de los demás parámetros y el calor que recibe el gas durante todo el proceso.

5. Seis partículas en una caja. Estudie la distribución de 6 partículas idénticas en una caja con mitades n_1 y n_2, y las configuraciones más probables.

142

ÓPTICA Y ONDAS

"Si logro ver más lejos es porque he conseguido pararme sobre hombros de gigantes".

Isaac Newton (1642 – 1727)

ÓPTICA Y LUZ

¿Qué es la luz?

Es interesante analizar las diversas teorías que se han propuesto sobre la naturaleza de la luz. Desde los antiguos griegos, con su teoría del "fulgor", hasta nuestros días. Sin embargo, ha habido dos teorías principales sobre la naturaleza y el comportamiento de la luz, ellas son **la teoría corpuscular de la luz** propuesta por Isaac Newton y **la teoría ondulatoria** propuesta por Christian Huygens ambas en el siglo XVII.

Teoría corpuscular de la luz

Newton propuso que la luz estaba constituida por pequeños corpúsculos o partículas. Esto le permitió estudiar diversos fenómenos entre ellos la reflexión y la refracción, pero le llevó a formular algunos supuestos erróneos como por ejemplo que la luz debía viajar más rápido en medios como el agua en comparación con el aire.

Teoría ondulatoria de la luz

Huygens por su parte, propuso que los fenómenos de reflexión y refracción entre otros, podían explicarse mejor, utilizando el supuesto de que la luz se propagaba a través de ondas. Pero también tuvo dificultades a la hora de explicar cómo podía la luz propagarse por el vacío, lo que le llevó a formular la incorrecta hipótesis del Éter luminífero, una sustancia que debía estar presente en todo el universo y que permitiría la propagación de las ondas de luz.

Sin embargo, durante el siglo XIX, gracias a los trabajos de Thomas Young sobre la difracción de la luz, las mediciones de Foucault, Fizeau y Arago de la velocidad de la luz en diferentes medios y la síntesis electromagnética de James Clerk Maxwell, la teoría ondulatoria resultó mucho más satisfactoria para explicar los fenómenos luminosos.

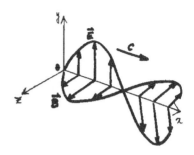

La dualidad onda – partícula

En el siglo XX, gracias a los trabajos de Albert Einstein sobre la naturaleza corpuscular de la luz al estudiar el efecto fotoeléctrico, incorporando la teoría cuántica desarrollada años antes por Max Planck, se logra entender que la luz puede comportarse de ambas maneras: como onda y como partícula. Los científicos denominaron fotones, a los cuantos de luz.

El comportamiento de la luz depende del experimento que se realice con la luz o el fenómeno en el que participe.

Años más tarde, a partir de la década de 1920, se descubrió que el electrón y otras partículas también manifestaban un comportamiento dual.

Podemos definir finalmente, que la luz, es una onda electromagnética a la que puede asociarse una partícula, denominada fotón. La luz posee una energía que es proporcional a su frecuencia y viaja a una velocidad en el vacío de 300000 km/s.

145

Velocidad de la luz

Los primeros intentos por medir la velocidad de la luz, se remontan al Siglo XVII. Galileo Galilei describe en sus trabajos un sencillo experimento para medir la velocidad de la luz. Equipado con un "preciso" reloj de arena, se paraba en lo alto de una colina tapando un farol, su ayudante se colocaba en otra colina ubicada a poco más de un kilómetro de Galileo, con otro farol tapado.

Cuando Galileo destapaba su farol, la luz viajaba hasta el ayudante quien destapaba su propio farol permitiendo que el rayo de luz viajara ahora hacia Galileo. El científico con su reloj de arena debía medir el tiempo que tardaba el rayo en ir y "volver". Pero la luz viajaba tan rápido que el pobre Galileo no tenía tiempo siquiera de dar vuelta su reloj. De todas formas, él estaba convencido (y correctamente) de que la velocidad de la luz no era infinita, como se pensaba en ese entonces, pero que tenía un valor muy alto.

Fue el astrónomo Ole Römer (1644-1710) quien midió por primera vez con éxito la velocidad de la luz. Para ello estudió los eclipses de una de las lunas de Júpiter, llamada "Io".

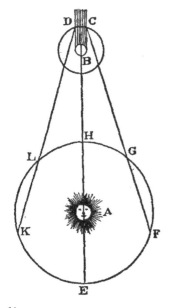

Como a veces la Tierra está más cerca de Júpiter que otras la luz proveniente del eclipse sufría un retraso igual al tiempo que tarda en recorrer el diámetro de la órbita terrestre.

Como no se conocía con precisión el diámetro orbital terrestre, la velocidad obtenida fue de unos 240.000 Km/s.

Luego de conocerse con más exactitud dicho diámetro, se obtuvo que la velocidad de la luz era de 300.000Km/s, que es el valor más común que aceptamos hoy en día.

Se suele escribir la letra **c** minúscula para designar la velocidad de la luz y se debe a la palabra latina "celeritas".

Los valores que se suelen usar para cualquier curso de física son entonces:

$$c=3,0 \times 10^8 m/s \quad \text{o bien} \quad c=300000 Km/s$$

Otros científicos como Fizeau, Arago y Foucault mejoraron notablemente las mediciones de la velocidad de la luz y determinaron además la velocidad de la luz en distintos medios. El valor más exacto que tenemos hoy es **c**=299792458m/s.

Podemos ver hacia el pasado

Una de las consecuencias más interesantes de que la velocidad de la luz sea finita, es decir,que tenga un valor definido, es que observamos constantemente el pasado del universo. Por ejemplo, cuando observamos nuestra imagen en el espejo, esa imagen no es del presente sino de nuestro pasado.

Por supuesto que la velocidad de la luz es tan elevada, que la imagen nuestra en el espejo viaja casi inmediatamente hasta nuestros ojos. Pero pensemos en el simple acto de observar la Luna.Como nuestro satélite se encuentra aproximadamente a 300000km de la Tierra, la luz que refleja, demora cerca de un segundo en llegar a nuestros ojos. Así que cada vez que vea la Luna, la estará viendo un segundo hacia el pasado.

Algunas estrellas se encuentran a millones de años luz. Un año-luz es la distancia que recorre la luz en un año. Si nos observaran desde esas estrellas, verían una Tierra totalmente diferente a la actual. Un planeta con seres en plena evolución.

Reflexión de la luz

Es un fenómeno óptico, en el cual la luz cambia su dirección de propagación en una dirección determinada, como producto de su interacción con la superficie que debe ser lisa o pulida. La luz regresa al mismo medio y no hay cambio de velocidad. La reflexión puede ser especular, en donde se cumplen las leyes de la reflexión descritas más abajo, o bien puede ser difusa, en donde los rayos de luz se reflejan en direcciones aleatorias debido a la interacción con superficies rugosas.

Es precisamente esta última la que nos permite ver todos los objetos. No obstante, la reflexión especular, nos permite entender algunos fenómenos importantes que ocurren cuando la luz se refleja en superficies como la de un espejo o una laguna.

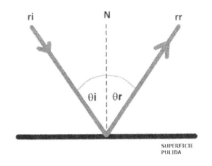

1era Ley de la reflexión

El rayo incidente, el rayo reflejado y la Normal, se encuentran en el mismo plano.

$$\{ri, rr, N\} \in plano\ \pi$$

2da Ley de la reflexión

El ángulo de incidencia y reflexión son iguales.

$$\theta_i = \theta_r$$

Refracción de la luz

Es un fenómeno óptico, en el cual la luz cambia de dirección al pasar de un medio a otro, como consecuencia del cambio de velocidad que experimenta.

Para entender más a fondo este fenómeno, es necesario definir una magnitud asociada al cambio de velocidad que experimenta la luz al cambiar de medio: el índice de refracción.

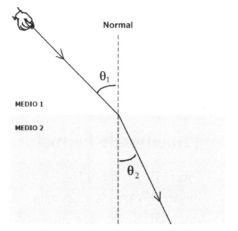

Índice de refracción

La luz viaja a diferentes velocidades en los distintos medios transparentes. Se define entonces el índice de refracción como el cociente entre la velocidad de la luz en el vacío y la velocidad de la luz en determinado medio. A mayor índice de refracción, menor será la velocidad de la luz.

$$n = \frac{c}{v}$$

Tabla de índices de refracción para algunas sustancias

SUSTANCIA	n
Aire	1,00
Agua	1,33
Etanol	1,36
Glicerina	1,47
Vidrio	1,52
Ámbar	1,54
Cuarzo	1,55
Diamante	2,42

Principio de Fermat

Pierre de Fermat (1601 – 1665) fue un notable matemático francés que desarrolló varios teoremas y trabajos que le valieron el reconocimiento mundial. Se destaca entre sus trabajos el "Último teorema de Fermat" el cual solo pudo ser resuelto en el año 1995!

El Principio de Fermat, si bien tiene una base matemática bastante abstracta, puede entenderse fácilmente desde el punto de vista exclusivo de la óptica básica. Con este principio podremos entender por qué la luz se comporta, de la forma que lo hace, en la reflexión y la refracción.

Antes de meternos de lleno al Principio de Fermat, citaremos un ejemplo que no pertenece a la óptica, pero es bastante didáctico para nuestro estudio.

El ejemplo se ilustra en la siguiente imagen. Considere un atlético guardavidas parado en la arena en el punto A. Una persona necesita auxilio, se está ahogando en el agua en el punto B. El guardavidas necesita rescatarlo rápidamente y debe elegir uno de los tres posibles caminos! ¿Cuál elige: el camino a, b o c?

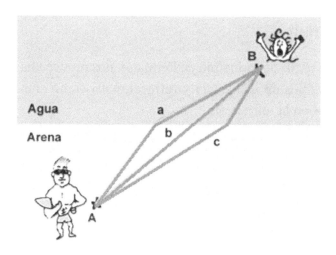

Un guardavidas entrenado, sabe que en general todas las personas corren más rápido de lo que nadan, por lo tanto, elegirá aquel camino en el cual pase más tiempo corriendo en la arena y menos tiempo en el agua. El camino que cumple con esa condición es el camino c.

Muchas personas preguntan por el camino más corto que sería el b, y es cierto, es el camino más corto, pero no el más rápido!

Con la luz pasa exactamente lo mismo. El camino que "elige" la luz para ir de un punto a otro es el camino más rápido. Esto se conoce como el principio de Fermat, que enunciaremos de la siguiente manera:

"Para viajar de un punto a otro del espacio, la luz siempre recorre el camino más rápido, es decir aquel que le toma el menor tiempo".

Recuerde además que no siempre el camino más corto es el más rápido. Cuando la luz viaja en un mismo medio, sin dudas que el camino más rápido será también el más corto. Eso es lo que sucede en la reflexión de la luz y que se traduce en que el ángulo de incidencia y de reflexión sean iguales.

Sin embargo en la refracción de la luz, la luz cambia de medio y por lo tanto de velocidad, lo que provoca el cambio de dirección del rayo de luz.

Ley de Snell

Se deduce a partir del principio de Fermat, y nos provee una relación útil entre los ángulos de incidencia y refracción así como entre los medios involucrados en la refracción.

$$n_1 . \sin\theta_1 = n_2 . \sin\theta_2$$

Reflexión interna total

Los rayos de luz, al pasar de un medio con mayor índice de refracción a un medio con menor índice de refracción, pueden alcanzar un ángulo límite, en el cual la luz deja de refractarse y queda "atrapado" en el primer medio. Esto sucede porque, en virtud de la ley de Snell" el ángulo de refracción aumenta más rápidamente que el ángulo de incidencia. Este fenómeno explica el funcionamiento de las fibras ópticas.

Para conocer el ángulo límite:

$$\theta_{lím} = Arcsen\left(\frac{n_2}{n_1}\right)$$

Espejos curvos

Se consideran superficies pulidas y de forma esférica con cierto radio R y cuya distancia focal puede aproximarse a R/2. Para encontrar la imagen formada de un objeto, basta con trazar los rayos principales y encontrar su intersección.

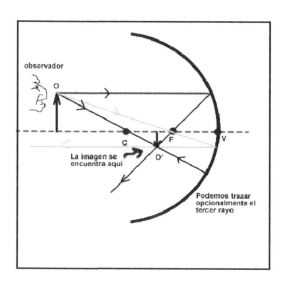

El método gráfico, es útil y rápido, pero puede tener algunas limitaciones, como por ejemplo, tener que usar escalas cuando las distancias son muy diferentes del tamaño del objeto o el radio del espejo.

Ecuación de los espejos

Es útil para determinar la distancia a la que se formará la imagen, la distancia a la que se encuentra el objeto o bien la distancia focal del lente. Se puede deducir de la siguiente imagen:

Un análisis trigonométrico nos llevará a concluir que:

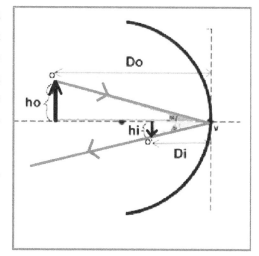

$$\frac{1}{f} = \frac{1}{D_i} + \frac{1}{D_o}$$

Siendo f la distancia focal, Do la distancia entre el objeto y el vértice del espejo y Di, la distancia entre la imagen y el vértice.

Además se cumple:

$$\frac{D_i}{D_o} = -\frac{h_i}{h_o}$$

Donde hi y ho son las alturas de la imagen y el objeto respectivamente. El signo de menos es na convención para indicarnos cuando la imagen queda invertida.

Si la imagen queda formada en el semiespacio virtual, es decir detrás del espejo, consideraremos Di negativa.

Lentes

Los lentes son sistemas ópticos formados por materiales transparentes, que mediante la refracción de la luz, provocan una desviación de los rayos de luz en una dirección particular.

Tipos de lentes

CONVERGENTES	DIVERGENTES
PLANO CONVEXO	PLANO CÓNCAVO
BICONVEXO	BICÓNCAVO
MENISCO CONVERGENTE	MENISCO DIVERGENTE

Es posible al igual que en los lentes, encontrar la imagen formada por un lente de un objeto determinado, realizando un diagrama en donde se tracen los rayos principales y encontrando su intersección. Vea el siguiente ejemplo:

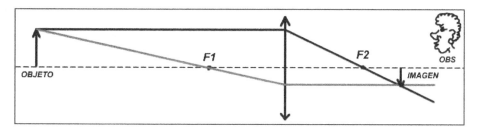

La doble flecha del diagrama corresponde a un lente convergente (si el lente es divergente se dibuja con las flechas hacia adentro). Como puede observarse, la imagen obtenida está invertida, es reducida y de menor tamaño que el objeto.

Si usted sostiene una lupa y observa objetos lejanos podrá comprobarlo.

Luz y color

En 1704, Isaac Newton publicó un tratado de titulado Optiks, en el cual describe además de su teoría corpuscular de la luz, algunos experimentos realizados. Uno de ellos es el célebre experimento de hacer pasar luz blanca a través de un prisma. El resultado, que seguramente el lector conoce, es la obtención de los colores del arco iris, es decir: Rojo, Naranja, Amarillo, Verde, Azul, Índigo y Violeta. Además entre cada color, pueden observarse más tonalidades que se van difundiendo entre sí.

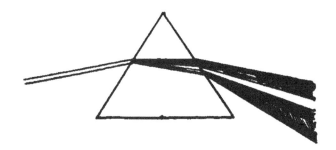

A este fenómeno lo denominamos descomposición de la luz. Newton razonó que la luz blanca debía estar compuesta por todos los colores. Así que fabricó un pequeño disco y lo separó en siete partes iguales, que pintó con cada uno de los colores mencionados. Al hacerlo girar lo suficientemente rápido, se obtuvo un color muy similar al blanco, concluyendo que se podía descomponer la luz blanca y también componer los colores para formarla nuevamente.

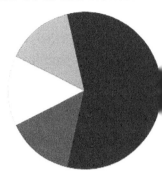

Hoy conocemos a ese dispositivo con el nombre de disco de Newton.

Sabemos ahora que los colores, corresponden a ondas electromagnéticas de distintas frecuencias y que el color rojo corresponde a la menor frecuencia (mayor longitud de onda) visible, así como el color violeta a la mayor frecuencia (menor longitud de onda) visible.

En el espectro electromagnético puede apreciarse lo discutido en anterior párrafo.

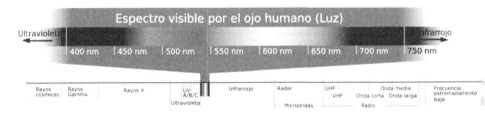

Síntesis aditiva del color

Si observamos la pantalla de un viejo televisor de tubo en funcionamiento o inclusive una pantalla LED muy de cerca, utilizando una lupa, veremos que cuando la imagen se proyecta blanca, en la pantalla se observan puntitos de tres colores, que son Rojo, Verde y Azul. Con la adición de estos tres colores y variando la intensidad de cada uno, se pueden obtener todos los colores que se necesiten para crear una imagen a todo color.

156

El primero en darse cuenta de esto fue James Clerk Maxwell en 1860, cuando fotografió por primera vez una imagen utilizando filtros de color.

Es curioso que la fotografía a color no se masificara hasta unos 110 años después, lo que habla de la incapacidad de la teoría para ser aplicada sin el respaldo de la técnica y los procesos industriales.

El siguiente diagrama representa la síntesis aditiva:

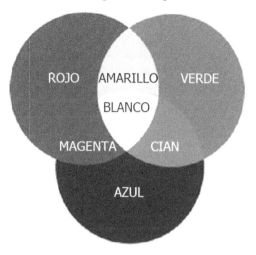

Se conoce como diagrama RGB (Red – Green – Blue). Por ejemplo, si proyectamos sobre una pantalla, luz azul y luz roja, el resultado será luz de color magenta. Si por casualidad alguien viste un traje verde, entonces se observará negro, pues el verde es un color primario y solo reflejaría luz verde, la cual en este ejemplo no se utiliza.

Síntesis sustractiva del color

Así como la luz, los pigmentos también se combinan para formar distintos colores. De pequeño seguramente le hicieron mezclar amarillo y azul para obtener el color verde. Lo cierto es que los pigmentos absorben la luz y reflejan solo aquella luz del color observado. Por ejemplo, si iluminamos con luz blanca una manzana verde, entonces se refleja el verde y se absorben todas las demás longitudes de onda correspondientes a los demás colores.

Si ha realizado alguna impresión a color, observe los pequeños puntitos de color en la hoja y verá en mayor o menor cantidad, los colores Cian, Amarillo, Magenta y Negro. Este tipo de síntesis (formación) de colores, se denomina sustractiva, ya que si mezclamos los tres colores primarios sustractivos, se absorbería todos los colores y el resultado sería una tonalidad Negra teórica. Como los pigmentos no son exactos, se añade tinta negra para resaltar esa tonalidad.

El siguiente esquema representa la síntesis sustractiva:

Si en una revista por ejemplo, se quiere formar una imagen roja, se añade tinta magenta y amarilla, que absorberá la luz azul y verde y reflejará el rojo.

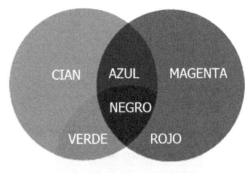

ONDAS

Podemos definir una onda, como una perturbación que se propaga por el espacio y el tiempo, transportando consigo energía y cantidad de movimiento, sin necesariamente transportar materia. Dependiendo de la onda, ésta puede necesitar un medio para propagarse el cual determinará su velocidad.

Como ejemplos de ondas podemos citar, el sonido, la luz, las olas, las ondas en cuerdas y membranas o las ondas sísmicas.

Clasificación de ondas

a. Dimensiones de propagación

Si la onda se propaga sólo a lo largo de una recta (como una onda en una cuerda o en un resorte) decimos que es UNIDIMENSIONAL. Si se propaga en una superficie (2 dimensiones) será BIDIMENSIONAL (como las olas en el agua o las ondas en una membrana de tambor). Finalmente si se propagan por todo el espacio y en todas direcciones decimos que es TRIDIMENSIONAL (el sonido y la luz son ejemplos de estas ondas).

b. Naturaleza de la onda

Se denominan MECÁNICAS a las ondas que necesitan de un medio para propagarse (como el sonido, las olas o las ondas en cuerdas). Por el contrario, a las ondas que no necesitan un medio las llamamos ELECTROMAGNÉTICAS (la luz, ondas de radio, rayos X y rayos gamma son algunos ejemplos de estas ondas).

c. Dirección de propagación versus dirección de perturbación

Se denominan TRANSVERSALES a las ondas cuya dirección de perturbación es perpendicular a la dirección de propagación (por ejemplo las ondas en cuerdas, las olas y la luz entre otras). Por el contrario, cuando las direcciones de perturbación y propagación son paralelas, las ondas se denominan LONGITUDINALES (el sonido, las ondas en resortes y algunas ondas sísmicas son ejemplos de este tipo de onda).

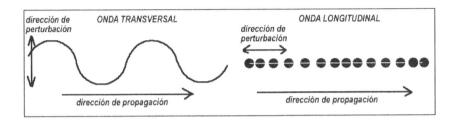

En el siguiente cuadro se resume la clasificación que hicimos:

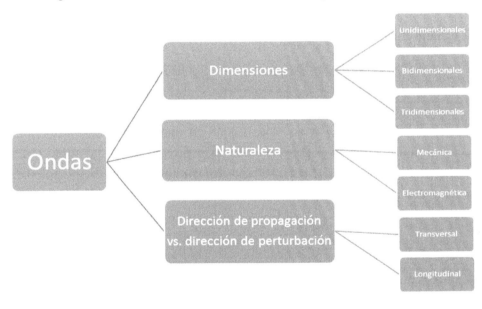

Magnitudes que describen a las ondas

Discutiremos las magnitudes más importantes a la hora de representar o analizar una onda.

Amplitud

Es el punto más alto de una onda respecto al punto de equilibrio (ver gráfica más abajo).

La amplitud está vinculada con la intensidad de la onda y la energía que transmite al medio.

Longitud de onda

Es la distancia entre dos crestas o dos valles consecutivos, es decir la longitud de un ciclo completo de onda.

$$\lambda = \frac{v}{f}$$

Período

Es el tiempo que tarda una onda en cumplir un ciclo completo. A continuación distintas maneras de calcular el período que podemos deducir a partir del análisis de su definición:

$$T = \frac{1}{f} \quad T = \frac{\lambda}{v}$$

$$T = \frac{\Delta t}{Cant.\, de\, ciclos} \quad T = \frac{2\pi}{\omega}$$

Frecuencia

Es la cantidad de oscilaciones que efectúa una onda en cada segundo.

$$f = \frac{Cant.\, de\, ciclos}{\Delta t}$$

$$f = \frac{1}{T}$$

$$f = \frac{v}{\lambda}$$

Frecuencia angular

Para que la función de onda pueda expresarse dimensionalmente correcta, es útil definir la frecuencia angular que está vinculada a la frecuencia o al período,

$$\omega = \frac{2\pi}{T} = 2\pi f$$

Número de onda

Es una magnitud asociada a la longitud de onda, lo que nos permitirá escribir la función de onda dimensionalmente correcta,

$$k = \frac{2\pi}{\lambda}$$

Velocidad de onda

La velocidad de la onda, es determinada por el medio por el cual viaja la onda. En el caso de la luz, sabemos que ésta viaja a velocidades diferentes en los distintos medios transparentes (ver índice de refracción). En el caso de las ondas mecánicas, es interesante señalar que cuanto más rígido es el medio, mayor será la velocidad de propagación.

A partir de la definición de velocidad media y teniendo en cuenta que la propagación de las ondas es en general un M.R.U., podemos deducir para cualquier onda que,

$$v = \lambda . f$$

$$v = \frac{\omega}{k}$$

Para ondas en cuerdas, se cumple además, que la velocidad de propagación es proporcional a la raíz de la tensión e inversamente proporcional a su densidad lineal de masa:

$$v = \sqrt{\frac{\|\vec{T}\|}{\mu_L}}$$

Densidad lineal de masa de la cuerda

$$\mu_L = \frac{m_s}{L}$$

Donde ms representa la masa de la cuerda y L su longitud.

Ecuación y función de onda

Si consideramos el movimiento de una onda, como la composición de un movimiento armónico simple (que es el movimiento que efectúan las partículas del medio al pasar la onda) y el movimiento rectilíneo uniforme de propagación de la onda, podemos deducir que la función que describe la posición vertical de la onda (y) en función de la posición horizontal (x) y el tiempo es la siguiente:

Función de onda

$$y\,(x,t) = A.\,\text{sen}(kx - \omega t + \varphi)$$

Siendo A la amplitud de la onda, k el número de onda, ω su frecuencia angular, y φ su ángulo de fase, el cual depende de las condiciones iniciales de la onda (ver fasores).

Ecuación de onda (en 3 dimensiones)

$$\frac{\partial^2 \psi}{\partial x^2} + \frac{\partial^2 \psi}{\partial y^2} + \frac{\partial^2 \psi}{\partial z^2} = \frac{1}{v^2}\frac{\partial^2 \psi}{\partial t^2}$$

¡Esta es una hermosa ecuación! Si consideramos la luz, la velocidad **v** se sustituyepor la velocidad de la luz **c**. Se puede deducir esta ecuación dependiendo del fenómeno que se estudie.

Para ondas mecánicas, como por ejemplo las ondas en cuerdas, se debe analizar las tensiones que actúan sobre un tramo pequeño de la cuerda. Para ondas electromagnéticas se pueden combinar las ecuaciones de Maxwell (ver Electromagnetismo) y se obtendrá la ecuación de onda.

Usted debe tener en cuenta que una solución a esta ecuación, en una dimensión, es la función de onda mostrada más arriba.

Gráficas de ondas

Gráfica y=f(x) (independiente del tiempo)

Esta gráfica es útil para obtener la amplitud de la onda y la longitud de onda. Para conocer las demás magnitudes, será necesario contar además con la velocidad de propagación de la onda, el período o bien la frecuencia.

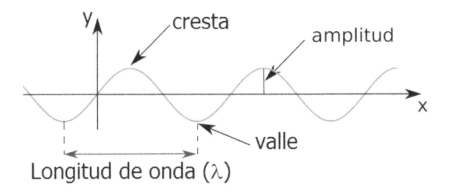

Gráfica y=f(t) (para un punto particular del medio)

Esta es una gráfica muy útil para conocer, además de la amplitud de la onda, su período y posteriormente su frecuencia. Para conocer las demás magnitudes, será necesario contar con la velocidad de la onda o bien su longitud de onda.

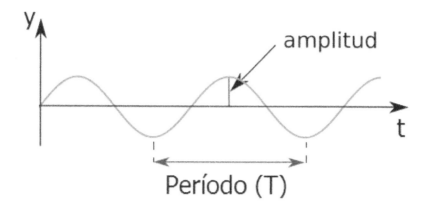

Efecto Doppler

Usted habrá notado que cuando un vehículo ruidoso se acerca, la frecuencia escuchada es mayor (sonido agudo), que cuando se aleja (sonido grave). Esto se debe al efecto Doppler, que es el cambio de la frecuencia debido al movimiento del observador respecto a la fuente de la onda.

Este fenómeno, explica también el "corrimiento hacia el rojo" que se observa en la luz analizada de las estrellas, debido a que la mayoría se alejan respecto a nosotros, lo que ha apoyado fuertemente a la teoría de la expansión del universo.

Para el sonido

$$f' = \left[\frac{v_{sonido}}{v_{sonido} \pm v_{fuente}} \right] \cdot f_0$$

Para la luz,

$$\Delta f = \frac{v}{c} f_0$$

Interferencia

En este fenómeno, dos o más ondas coherentes interfieren en distintos puntos del medio por el cual se propagan, generando zonas de máximos (interferencia constructiva) y mínimos (interferencia destructiva). En el caso de la luz, esto se manifiesta con zonas de intensidad máxima y zonas oscuras. En el sonido es común apreciar este fenómeno en los batidos y el ruido.

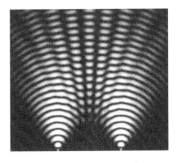

Suponga que se dispone de dos fuentes separadas una distancia d y que emiten ondas en fase (es decir sincronizadas o coherentes) con una longitud de onda λ, entonces se cumplen las siguientes relaciones:

Máximos y mínimos

Condición para máximos:

$$d.\sin\theta = n\,\lambda \quad \text{(siendo n=0, 1, 2,.....)}$$

Condición para mínimos:

$$d.\sin\theta = \left(n + \frac{1}{2}\right)\lambda \quad \text{(siendo n=0, 1, 2,.....)}$$

En las expresiones anteriores, n representa el número de máximo o mínimo que se estudia y por eso es un número natural. El ángulo θ representa el ángulo entre el punto medio entre las fuentes y el máximo o mínimo según corresponda.

Interferencia de ondas: método analítico y fasorial

Podemos contemplar la interferencia utilizando la suma de las funciones de onda, en el caso de ondas con igual amplitud. También utilizaremos el concepto de fasor cuando las ondas tengan diferente amplitud.

Dos ondas de igual amplitud

Si consideramos dos ondas de igual amplitud:

$$y_1 = A.\operatorname{sen}(kx - \omega t + \varphi_1)$$

$$y_2 = A.\,\text{sen}(kx - \omega t + \varphi_2)$$

Al sumarlas, sacando de factor común la amplitud A y utilizando la igualdad trigonométrica:

$$senA + senB = 2\,sen\left(\frac{A+B}{2}\right)\cos\left(\frac{A-B}{2}\right)$$

Se obtiene la siguiente expresión:

$$y_R = 2A.\cos\left(\frac{\varphi_2 - \varphi_1}{2}\right)\text{sen}\left(kx - \omega t + \frac{\varphi_2 + \varphi_1}{2}\right)$$

Como vemos el primer término **2.A.cos Q**, siendo Q la expresión entre paréntesis, representa la amplitud de la onda resultante.

El lector, no tardará en darse cuenta que dicha amplitud resultante, es máxima, cuando los ángulos de fase son iguales, lo cual es coherente, pues significa que las dos ondas están en fase.

Dos ondas de amplitudes diferentes, Fasores

Si queremos sumar ondas de diferentes amplitudes no podremos utilizar la igualdad trigonométrica anterior, ya que no podemos sacar de factor común la amplitud. Recurrimos entonces al concepto de fasor para sumarlas.

Un fasor es un vector que representa una onda o una oscilación y que lo representamos dentro de un círculo trigonométrico. Este vector, tiene una fase inicial igual a la de la onda, de ahí su nombre de fasor, y "rota" con una frecuencia igual a la de la onda o la oscilación, por último es imprescindible definir que su módulo será la amplitud máxima de la onda u oscilación.

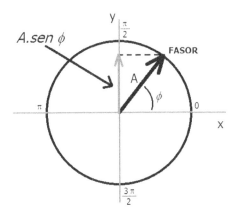

Observe que la proyección del fasor sobre el eje vertical es la expresión de la onda, para las condiciones iniciales.

Si queremos sumar dos o más ondas, solo basta representarlas mediante fasores con sus respectivos ángulos de fase inicial y sus amplitudes y luego sumarlos como vectores. La proyección del fasor resultante será pues, la expresión de la amplitud de la onda resultante y el ángulo de fase del fasor resultante, será el ángulo de fase de la onda resultante.

Suponga que tenemos dos ondas:

$$y_1 = A_1.\text{sen}(kx - \omega t + \varphi_1)$$

$$y_2 = A_2.\text{sen}(kx - \omega t + \varphi_2)$$

La representación fasorial sería la siguiente, asumiendo que el ángulo de fase y la amplitud de la segunda onda es mayor que la primera:

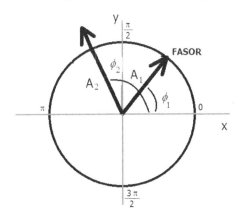

Aplicando el teorema del coseno para sumar los dos fasores obtenemos la siguiente expresión para la amplitud resultante:

$$A_R = \sqrt{A_1{}^2 + A_2{}^2 + 2.A_1 A_2 \cos(\varphi_2 - \varphi_1)}$$

Para encontrar el ángulo, observemos con más detalle la suma vectorial de los dos fasores y el triángulo que se forma:

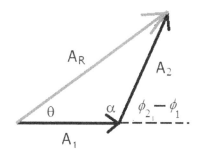

El ángulo de fase será el ángulo:

$$\varphi_R = \theta + \varphi_1$$

Para hallar el ángulo theta, aplicamos el teorema del seno:

$$\frac{sen\theta}{A_2} = \frac{sen\alpha}{A_R} = \frac{sen(\varphi_2 - \varphi_1)}{A_R}$$

Luego,

$$\theta = \sin^{-1}\left(\frac{sen(\varphi_2 - \varphi_1)}{A_R}\right)$$

Finalmente,

$$\varphi_R = \varphi_1 + \sin^{-1}\left(\frac{sen(\varphi_2 - \varphi_1)}{A_R}\right)$$

Una vez hallado el ángulo de fase y la amplitud resultante, escribimos la función de onda resultante:

$$y_R = A_R . \operatorname{sen}(kx - \omega t + \varphi_R)$$

Ondas estacionarias

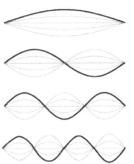

Las ondas estacionarias se producen cuando dos ondas de igual amplitud, frecuencia y longitud de onda, se superponen pero en direcciones opuestas. Esto sucede por ejemplo cuando en una cuerda, atada por dos extremos, la onda viajera se refleja en un extremo y comienza a superponerse consigo mismo.

También se dan ejemplos de ondas estacionarias en tubos de aire, con uno o dos extremos abiertos.

Si consideramos dos ondas con velocidades iguales y opuestas:

$$y_1 = A . \operatorname{sen}(kx - \omega t)$$
$$y_2 = A . \operatorname{sen}(kx + \omega t)$$

Al sumarlas obtenemos la siguiente expresión:

$$y_R = 2A . \cos(\omega t) \operatorname{sen}(kx)$$

Observemos que el término sen(kx), nos indica que hay puntos del medio, en donde la amplitud resultante será máxima (2.A), y otros puntos donde será mínima, es decir cero.

Llamaremos **nodos** a los puntos de mínima amplitud y **antinodos** a los de máxima amplitud.

Condición de mínimos:

$$kx = n.\pi \qquad con\; n = 1,2,3,...$$

Sustituyendo k y despejando x, obtendremos la posición de los nodos.

Nodos:

$$x = \frac{n.\lambda}{2} \qquad con\; n = 1,2,3,...$$

Para encontrar la posición de los antinodos, debemos razonar que la condición de los máximos será:

$$kx = \frac{n.\pi}{2} \qquad con\; n = 1,3,7\,...\,impar$$

Y al sustituir k y despejar x, obtendremos la posición de los antinodos.

Antinodos:

$$x = \frac{n.\lambda}{4} \qquad con\; n = 1,3,7\,...\,impar$$

Lo cual es muy razonable, pues nos dice que entre dos nodos, siempre hay un antinodo en el punto medio.

Frecuencia fundamental y armónicos

Ondas con extremos fijos

Suponga que se genera una onda estacionaria, de forma que los extremos siempre presentan nodos. Por ejemplo al generar ondas estacionarias en una cuerda atada en sus dos extremos.

Es posible en estas condiciones realizar un experimento con un generador de

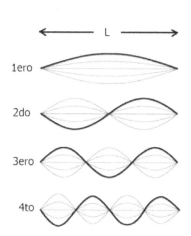

ondas (por ejemplo un parlante) en uno de los extremos e ir cambiando la frecuencia del mismo.

A medida que vamos aumentando la frecuencia, observaremos que comienzan a formarse las siguientes figuras de ondas estacionarias, denominadas armónicos.

Cada número, representa el armónico que se genera y vemos que coincide con la cantidad de antinodos. Por otra parte vemos que la cantidad de nodos es siempre el número de armónico más una unidad.

Vemos, analizando las imágenes una clara condición para el número de armónicos, la longitud de la cuerda y la longitud de onda:

$$L = \frac{n\lambda_n}{2} \quad con\ n = 1,2,3\ ...$$

Siendo n el número de armónico. Observe que la longitud de onda cambia, según el armónico también.

Ahora recordemos que:

$$v = \lambda_n . f_n$$

Si sustituimos la longitud de onda y despejamos la frecuencia, se obtiene la siguiente expresión:

$$f_n = \frac{nv}{2L} \quad con\ n = 1,2,3\ ...$$

La frecuencia f_n corresponde a cada armónico y vemos que ésta aumenta de forma directamente proporcional con el número de armónico.

En particular para el primer armónico encontramos la frecuencia fundamental f_0.

$$f_0 = \frac{v}{2L}$$

Luego,

$$f_n = nf_0 \quad con\ n = 1,2,3\ ...$$

Este análisis, trasciende la física clásica y puede utilizarse para estudiar sistemas cuánticos.

Ondas con un extremo abierto

Podemos considerar el sonido dentro de un tubo de órgano, como otro ejemplo de onda estacionaria. No obstante en este caso, siempre tendremos un nodo en un extremo y un antinodo en el otro.

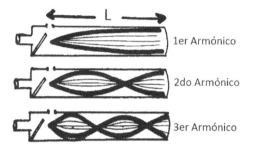

Se observa también una clara relación entre la longitud del tubo, la longitud de onda y el número de armónico:

$$L = \frac{n.\lambda}{4} \quad con\ n = 1,3,7\ ...\ impar$$

Así que las frecuencias fundamentales serán:

$$f_n = \frac{n.v}{4L} \quad con\ n = 1,3,7\ ...\ impar$$

Difracción

Las ondas, al atravesar obstáculos o aberturas de dimensiones comparables a su longitud de onda, suelen modificar su dirección de propagación, generando además un patrón similar al de la interferencia ondulatoria. Se aprecian entonces patrones de máximos y mínimos.

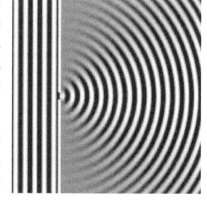

Thomas Young, logró a principios del siglo XIX, difractar por primera vez la luz, reforzando la idea de su comportamiento ondulatorio.

Condición y ángulo para los mínimos

$$d. \sin \theta_{min} = n\lambda \qquad \text{con n=1,2,3,....}$$

Intensidad Sonora

Cuando se emite un sonido o se observa una fuente de luz, es bastante normal razonar que a mayor distancia de la fuente, ésta se escucha más débil en el caso del sonido o bien se observa más tenue en el caso de la luz. Podemos pensar que cuando se emite un pulso de luz o sonido, las ondas se expanden en todas direcciones, como si de burbujas o esferas concéntricas se tratara. Se define entonces la intensidad (tanto sonora como luminosa), al cociente entre la potencia de la fuente y el área de una esfera cuyo radio, es la distancia a la que nos encontramos de la fuente.

$$I = \frac{P}{A} = \frac{P}{4\pi r^2}$$

La unidad utilizada por el Sistema Internacional de Unidades es el Watt por metro cuadrado (W/m^2).

En el caso de las ondas sonoras, se ha investigado que el oído humano tiene la capacidad de escuchar sonidos con intensidades de apenas 10^{-12} W/m^2. Esta intensidad se conoce como umbral de audición. Por el contrario cuando la intensidad supera 1 W/m^2, la sensación se vuelve dolorosa, lo que se conoce como umbral del dolor.

Sonoridad

Como puede apreciar el lector, la escala de intensidades es muy amplia, así que se ha adoptado una escala logarítmica para facilitar el estudio de la intensidad sonora. Nuestros celulares y smartphones tienen en general

174

la capacidad de medir esta escala que denominamos Sonoridad, la cual se puede determinar de la siguiente manera,

$$\beta_{dB} = 10.\log_{10}\left(\frac{I}{I_0}\right)$$

Donde β_{dB} es el nivel de intensidad acústica en decibelios, I es la intensidad del sonido que analizamos e I_0 es el umbral de audición (10^{-12} W/m²).

La escala que queda definida es mucho más amigable y nos permite comparar diferentes sonidos según su intensidad en una escala cómoda, con valores que van desde los 20dB hasta los 130dB donde se registra el umbral del dolor. Algunos sucesos pueden producir sonoridades mayores. Por ejemplo una bomba atómica puede generar sonoridades del orden de los 200dB, lo cual es catastrófico para el entorno.

A continuación se ofrece una pequeña tabla con algunas intensidades y sonoridades comunes en la vida cotidiana.

Rangos de Sonidos		
Fuente de Sonido	Intensidad	deciBel
Sonido más débil oído	1 x 10-12 W/m2	0.0
Crujido de hojas	1 x 10-11 W/m2	10.0
Biblioteca en silencio	1 x 10-9 W/m2	30.0
Una casa común	1 x 10-7 W/m2	50.0
Conversacion normal	1 x 10-6 W/m2	60.0
Tono de llamada teléfono	1 x 10-4 W/m2	80.0
Tráfico de camiones	1 x 10-3 W/m2	90.0
Motosierra, a 1 metro de distancia	1 x 10-1 W/m2	110.0

El fascinante mundo de la Física Teórica, con Pablo Mora

Doctor en Física (UdelaR). Docente de Física del Diploma de especialización en Física (ANEP-UdelaR).

Conocí a Pablo Mora, cursando mis estudios de Licenciatura en Física (aunque no tuve la oportunidad de ser su alumno) y posteriormente en mi carrera docente al participar de encuentros de Física en los que Pablo ofrecía charlas y exposiciones.

El doctor Mora, es de esos docentes y científicos que contagian el gusto por la Física, porque transmiten su pasión y su respeto por esta maravillosa disciplina. Su conocimiento de la Física Teórica y de la Historia de la Física es admirable.

Me complace invitar al lector a disfrutar de las palabras de este gran referente de la Ciencia uruguaya.

1. ¿Qué te motivó a estudiar Física?

Siempre tuve curiosidad por las cuestiones científicas en general, pero me resultaba fascinante la Física, y especialmente la Física teórica. El contrapunto maravilloso entre los objetos mentales de la matemática y el mundo real, el que se pudiera afirmar y predecir cosas sobre el universo desde escalas cosmológicas a escalas subatómicas con el pensamiento.

La información sobre estas cuestiones que me llevó en esta dirección provino de fuentes muy diversas: obras de popularización de la ciencia como "Biografía de la Física" de George Gamow o "La Física, Aventura del Pensamiento", de Albert Einstein y Leopold Infeld (dos libros excelentes, escritos por grandes físicos); así como libros de Isaac

Asimov como "Introducción a la Ciencia", "El electrón es zurdo" o "El Universo". También artículos en revistas (se conseguía Mundo Científico e Investigación y Ciencia) o diarios.

Recuerdo también que, por algún motivo misterioso, en la Biblioteca Municipal de Rocha habían varios libros de la colección de Física Teórica de Landau y Lifshitz, en francés, editados por la Editorial MIR, incluyendo Mecánica Cuántica, Teoría de Campos (que incluía Relatividad General) y Físico-Química. Evidentemente, como estudiante liceal, las ecuaciones contenidas en estos libros eran para mi runas inescrutables, encima de que el texto estaba en francés. Pero recuerdo que me despertaron el apetito de algún día entender algunas de estas cuestiones.

Curiosamente, creo que fue un libro de Ciencia Ficción que leí siendo bastante chico, "Los propios dioses" de Asimov, el que me abrió los ojos a la existencia de Físicos y de la Física como una profesión con sus facetas de investigación y docencia.

A nivel personal, tuve la suerte de contar con el estímulo y guía de excelentes profesores de Física y Matemática, como Estela Delgado y Ana Oribe (entre otros). Recuerdo también especialmente a mi tía Beba Marsicano, Profesora de Biología, que desde muy chico respondía a mis preguntas sobre ciencias y me facilitaba materiales. También a nivel familiar, mis padres valoraban muy positivamente el estudio y el conocimiento.

2. Como Físico, ¿cuál es tu área de especialización y en qué proyectos estás trabajando actualmente?

Mi área de especialización es la Física Teórica de Campos y Gravitación.

La mejor descripción teórica aceptada y comprobada experimentalmente de la física fundamental que tenemos consiste de la Relatividad General, que describe la gravitación y su relación con la

177

geometría del espacio-tiempo; y el Modelo Estándar, que describe las otras tres interacciones (débil, fuerte y electromagnética) y la materia (quarks y leptones). Las interacciones del Modelo Estándar están descritas por teorías conocidas como "de Yang-Mills", "de Calibre" o "de Gauge". La Relatividad General inspiró el desarrollo de las Teorías de Gauge, pero difiere de estas en varios aspectos, en particular su íntima conexión con la estructura del espacio-tiempo.

Hay varias razones teóricas para pensar que nuestra actual descripción de la Física Teórica fundamental, debe completarse en un marco teórico unificado, o al menos con menos características arbitrarias que nuestra descripción actual.

Mi trabajo de investigación se encuadra en este contexto, y consiste en el estudio y desarrollo de una clase de teorías que describen la gravitación como una teoría de Gauge, conocidas como Gravedades de Chern-Simons y variantes de estas teorías. Los que trabajamos en esta área lo hacemos con la esperanza de que el desarrollo de este marco teórico contribuya a la construcción de una futura teoría unificada.

3. Has sido uno de los grandes impulsores del Diploma de especialización en Física, ¿podrías describirnos cuál es el objetivo del programa y por qué sería importante que los docentes de Física pudieran realizarlo?

El Diploma de Especialización en Física (programa conjunto ANEP-UdelaR) ofrece una vía para que los docentes de Física (y también Ingenieros, Licenciados y formaciones afines) puedan continuar su formación a nivel de posgrado. En el caso de los Profesores egresados del IPA o los CERP creo que, aunque existen y existían posibilidades de continuar su formación a través de cursillos y cursos cortos (a menudo muy buenos), no existía una opción de posgrado con cursos semestrales teóricos y experimentales y organizados en un conjunto coherente y sistemático.

No creo que el Diploma sea indispensable para todos los docentes de Física de Secundaria, ya que estoy convencido de que la formación que se brinda en los Profesorados del IPA y los CERP es de muy buena calidad y perfectamente adecuada y suficiente para el desempeño de la tarea docente a nivel de Secundaria (y aún con el debido esfuerzo adicional a nivel Terciario). Sin embargo creo que el Diploma sí ofrece una muy interesante posibilidad para aquellos docentes que quieran desarrollar sus conocimientos y capacidades más allá de ese nivel, ya sea pensando en prepararse para la docencia a nivel Terciario, o en acceder a otros posgrados más avanzados en Física (por ejemplo Maestrías y Doctorados de la UdelaR, para lo cual entiendo se estaría dando próximamente el primer caso), o simplemente por el deseo de profundizar su formación motivados por la curiosidad. ♣

Cinco actividades sobre óptica y ondas

1. La casa de los espejos. Dos espejos se colocan perpendiculares y un rayo de luz incide sobre el primero de ellos con un ángulo de 30° respecto a la normal y se refleja hacia el segundo espejo. ¿Cuál es el ángulo de incidencia y reflexión en ese espejo?

2.Prisma de hielo. Sobre un prisma rectangular de hielo, cuyo índice de refracción suponemos igual al del agua, ingresa un rayo de luz como muestra la figura. Determine el ángulo θ. Se aclara que el ángulo superior es 90° y que el rayo dentro del prisma está paralelo a la cara inferior.

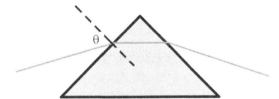

3. Usando lentes. Se coloca un objeto de 2,0cm de altura a 8,0cm de un lente divergente, cuya distancia focal es de 3,0cm. ¿Cuáles son las características de la imagen?

4. El temblor. Un sismógrafo registra que en durante un minuto ocurren 300 oscilaciones de 5,0mm de amplitud. Suponiendo que en la superficie del planeta, las ondas sísmicas avanzan a una velocidad de 200m/s. ¿Cuáles son las magnitudes que describen a la onda? ¿Cómo sería la representación gráfica del medio y=f(x) para un ciclo completo? Escriba además la función y=f(x,t) para la onda.

5. Potencia de un saxofonista. Un músico callejero, ejecuta bellamente una pieza musical con su saxofón y registramos con nuestros celulares una sonoridad de 80dB a una distancia aproximada de 2m. ¿Cuál es la potencia sonora del saxofón?

ELECTROMAGNETISMO

"Doc Brown: -¿¡1.21 Gigawatts!?

Marty McFly: -¿Qué demonios es un Gigawatt?"

Volver al Futuro I (1985)

Introducción y esbozo histórico del Electromagnetismo

Sentarse frente a una computadora, mirar la tele, escuchar música en la radio, encender la luz del cuarto, son algunas actividades que sin dudas están directamente vinculadas con los fenómenos electromagnéticos.

Por supuesto que la vida sería posible sin esas actividades,pero el estudio del electromagnetismo no se limita a sus aplicaciones tecnológicas. Nuestro universo en su totalidad se rige por interacciones electromagnéticas que gobiernan el mundo subatómico, atómico y molecular. La estabilidad del átomo, ese bloque fundamental de nuestra materia, carecería de sentido si no existiesen las fuerzas de atracción eléctricas entre los protones y electrones que lo componen. Asimismo jamás se formarían enlaces entre átomos para dar lugar a moléculas y posteriormente a estructuras más complejas que hacen posible la vida.

Es curioso que unas simples reglas y unas pocas constantes sean suficientes para poner en marcha algo tan complejo y sofisticado como lo es todo el Universo. Entender estas leyes, no es tarea sencilla, pero es apasionante.

Mi propio camino como docente de Física, estuvo marcado en su mayor parte por el Electromagnetismo. Mi padre, un excelente técnico en electrónica de Maldonado, me incentivaba desde muy pequeño dándome piezas de aparatos viejos para que desarmara e investigara.

Aún hoy de adulto, siento fascinación por su mesa de trabajo, llena de aparatos de medición, partes de circuitos y cables que tantas veces alimentaron mis sueños de convertirme en científico.

Realizaremos a continuación un recorrido por los principales sucesos vinculados al desarrollo del Electromagnetismo.

Antigüedad

Fue Thales de Mileto (639 – 546 a.C) en el siglo V antes de Cristo quien describió por primera vez el fenómeno de la atracción entre trocitos de pasto y un trozo de ámbar (resina seca de algunos árboles) al frotarlo y acercarlo. Hoy sabemos que si frotamos una regla de plástico y la acercamos a unos trocitos de papel éstos levitarán y se pegarán a la regla. Nuestra explicación a este fenómeno es la electrostática. Pero debemos recordar que en la época de Thales, aún no se conocía el método científico,por eso él, atribuyó este fenómeno a una especie de "simpatía" entre el ámbar y el pasto y observó que otros materiales también sentían esa "simpatía" entre sí, así como cierta repulsión entre otros.

Consideraríamos en nuestra época ridícula esta teoría, así como la teoría del "Fulgor" de la luz, pero en la antigua Grecia y durante muchísimo tiempo se aceptó como válida. De todas formas, no todo fue en vano, la palabra ámbar en griego se pronuncia "elektrón" y es gracias a esa designación que hoy empleamos todos los derivados de esa palabra como Electricidad, Eléctrico o Electromagnetismo. En la figura se observa un trozo de ámbar que dejó atrapado a un pequeño insecto, el cual puede fosilizarse y preservarse por millones de años.

Curiosamente fue también en Grecia, más precisamente en la ciudad de Magnesia (de Tesalia), donde se observaron sistemáticamente los fenómenos relacionados al magnetismo. La ciudad era rica en yacimientos de Magnetita, un mineral que tenía la enigmática propiedad de atraer el hierro y que presentaba dos polos, los cuales fueron denominados Norte y Sur.

Se piensa que durante los viajes de los vikingos y los chinos, alrededor del siglo VI D.C. se utilizaban brújulas para navegar.

Del siglo XVI al XVIII

William Gilbert (1544 – 1603) oriundo de la ciudad de Essex, Inglaterra, estaba cansado de considerar a los fenómenos eléctricos como simples curiosidades y divertimentos para entretener a la realeza.

De hecho las cortesanas de la edad media y el renacimiento se entretenían dando pequeñas descaras eléctricas a las ranas durante todo tipo de ceremonias. Gilbert, comenzó a estudiar sistemáticamente la electricidad (palabra que él mismo empleó por primera vez) y el magnetismo. Escribió su famoso tratado "De Magnete" en el cual, incorporó conceptos fundamentales como la fuerza eléctrica, como explicación a la interacción entre los cuerpos que se cargaban por frotación. Asimismo estudió la influencia de la temperatura en el magnetismo y consideró a la Tierra como un "Gran Imán", esto le llevó a suponer que los planetas orbitaban en torno al Sol debido a fuerzas magnéticas, teoría que fracasó con el advenimiento de la notable teoría de Newton sobre la Gravitación Universal.

Benjamin Franklin (1706 – 1790), nacido en Filadelfia, E.E.U.U., fascinado por una conferencia que escuchó a la edad de cuarenta años, comenzó sus propias investigaciones en el campo de la electricidad. Fue el primer científico que empleó las palabras POSITIVO y NEGATIVO para los diferentes tipos de cargas eléctricas y realizó infinidad de experimentos entre los cuales se destaca

la explicación de la naturaleza eléctrica de los rayos, llevado adelante con su famoso experimento de la cometa metálica. Inventó además el pararrayos.

Es interesante destacar que luego de su intensa labor como físico, dedicó el resto de su vida a la política, llegando a ser uno de los personajes más emblemáticos de los Estados Unidos y su proceso de independencia. Hoy es recordado en el billete de cien dólares americanos.

A fines del siglo XVIII los científicos Henry Cavendish (1731 – 1810) y Charles Augustin de Coulomb (1736 – 1806) lograron desarrollar experimentos que permitieron entender más a fondo la naturaleza de las fuerzas eléctricas, lo que se conoce hoy como Ley de Coulomb (pues Cavendish no publicó su trabajo).

Siglo XIX, XX y XXI

A comienzos del siglo XIX ya se enseñaba en las universidades y secundarias de todo el mundo, los fenómenos eléctricos y magnéticos como parte de la educación básica en ciencias. En particular, atraía mucho la atención los efectos que tenía la corriente eléctrica en los seres vivos, lo que impulsó una fuerte investigación en la medicina que derivó posteriormente en el desarrollo de dispositivos, como el desfibrilador, que ha salvado millones de vidas. También se tuvo un conocimiento más profundo de los mecanismos que gobiernan el sistema nervioso de todos los seres vivos, los cuales están íntimamente relacionados con los fenómenos eléctricos.

El profesor de física Hans Christian Ørsted (1777 – 1851) estaba preparando una clase para sus alumnos en Dinamarca, cuando accidentalmente descubrió, que cuando una corriente pasaba por un

conductor largo, una brújula se desviaba en sus cercanías.

Es decir, cerca de un conductor eléctrico se producía un campo magnético capaz de interactuar con otros campos como el de la brújula.

Ørsted dio a conocer sus descubrimientos en 1819, los cuales causaron un gran asombro en la comunidad científica ya que, por vez primera se daba a conocer un fenómeno que involucraba una relación entre los fenómenos eléctricos y magnéticos. Comienza a gestarse la idea entonces de que ambos fenómenos no son sino, distintas caras de una misma moneda: **el electromagnetismo**.

André Marie Ampère (1775 – 1836), intrigado por los descubrimientos de Ørsted, llevó a cabo una serie de experimentos e investigaciones teóricas que le llevaron a la formulación de una de las leyes más importantes del electromagnetismo, la cual se conoce hoy como **ley de Ampère.**

Carl Friedrich Gauss (1777 – 1855) fue desde niño un prodigio en las matemáticas y ciencias. Realizó importantes contribuciones al análisis matemático y a la física teórica, desarrollando lo que hoy se conocen como leyes de Gauss para el campo eléctrico y ley de Gauss para el campo magnético.

Pocos científicos han suscitado la admiración de otros como lo hizo Michael Faraday (1791 – 1867). Faraday recibió muy poca formación académica, y tenía enormes dificultades para entender las difíciles matemáticas involucradas en las teorías acerca del electromagnetismo, sin embargo, esto no fue impedimento para que su agudeza científica y su imaginación le permitieran interpretarlas.

Habiendo conocido los trabajos de Ørsted y Ampère, Faraday razonó lo siguiente: "Si es posible generar un campo magnético a partir de una corriente eléctrica… ¿No será posible también generar una corriente eléctrica a partir de un campo magnético?".

Una dedicación ejemplar a responder esta cuestión, le llevaron a formular en 1831 su teoría de la inducción electromagnética. Hoy usamos generadores eléctricos, tanto en represas hidráulicas como generadores eólicos, que utilizan los principios desarrollados por este notable científico.

 James Clerk Maxwell, quien también realizó importantes aportes a las teorías que describían el comportamiento de la luz, logró entre 1860 y 1873 sintetizar las teorías del electromagnetismo en cuatro ecuaciones fundamentales que hoy llevan su nombre. Además encontró que si las combinaba ingeniosamente, obtenía una ecuación de onda que se propagaba a la velocidad de la luz.

Maxwell interpretó este resultado como una predicción de que podían generarse ondas electromagnéticas en un laboratorio y que la luz, era una onda de esta naturaleza. Años más tarde el científico Heinrich Hertz logró producir con un sencillo aparato ondas de radio electromagnéticas. Marconi años más tarde utilizó y perfeccionó un aparato (inicialmente concebido por Nikola Tesla) capaz de transmitir ondas de radio a través del Atlántico lo que dio inicio a era de las comunicaciones inalámbricas.

En nuestros días es gigantesco el paso que hemos dado a nivel tecnológico, en especial con la incorporación de la informática a los sistemas eléctricos y mecánicos.

Desde la producción industrial a gran escala hasta la mecatrónica aplicada a los hogares, estamos siendo testigos de una revolución a nivel mundial del continuo crecimiento del electromagnetismo como agente de cambio en nuestras costumbres, trabajos y comunicaciones.

Lo interesantes es, que aún siguen siendo válidas y muy actuales, muchas de las teorías que se exponen aquí.

Electromagnetismo I: Electrostática

El estudio de la electrostática se refiere principalmente al estudio de cargas en equilibrio, aunque éste sea momentáneo. Por ejemplo podemos estudiar el comportamiento de un globo que una vez frotado queda pegado a la pared, pero no estamos interesados, por ahora, en estudiar circuitos eléctricos por ejemplo.

Carga eléctrica

La naturaleza atómica de la materia, permite que cuando dos o más cuerpos interactúen, estos puedan intercambiar electrones.

Decimos que un cuerpo tiene **carga positiva**, cuando tiene defecto de electrones. Y que tiene **carga negativa**, cuando tiene exceso de electrones.

Procesos de electrización

Los protones, en general, no participan en los procesos de electrización de los cuerpos, debido a que están firmemente "unidos" en el núcleo por la fuerza nuclear fuerte. Si al frotar un cuerpo pudiéramos "arrancar" estos protones con facilidad, podríamos causar una fisión nuclear y una posterior reacción en cadena. Afortunadamente, esto no ocurre. Son los electrones, que se encuentran en la periferia los que pueden pasar con facilidad de un cuerpo a otro por algún proceso de electrización.

Se definen tres procesos principales de electrización que son:

1. Electrización por frotación o triboelectricidad: En donde los cuerpos intercambian electrones debido a la cercanía entre ellos. Algunos materiales poseen una afinidad para "atraer" electrones y quedan cargados negativamente, mientras que otros materiales tiene facilidad para "ceder" electrones y quedan cargados positivamente.

Benjamin Franklin fue el primer científico que acuñó el término positivo y negativo para las cargas eléctricas. Al igual que otros científicos interesados en la electrostática, elaboraron una tabla de materiales ordenadas según su tendencia a quedar cargados positiva o negativamente. Esta tabla se denomina serie triboeléctrica y está ordenada de forma que dados dos materiales cualesquiera de la tabla, el superior será el que quede cargado positivamente y el inferior negativamente.

Serie Triboeléctrica

+   Vidrio
    Cabello humano
    Nylon
    Lana
    Piel
    Aluminio
    Poliester
    Papel
    Algodón
    Acero
    Cobre
    Niquel
    Goma
    Acrilico
    Poliuretano
-   Teflón

2. Inducción electrostática: es otro proceso de electrización que consiste en acercar un inductor (cuerpo previamente cargado) a un cuerpo metálico, lo que ocasiona que los electrones se muevan hacia una dirección particular de cuerpo (dependiendo de la carga del inductor), haciendo que éste se vea atraído por el inductor.

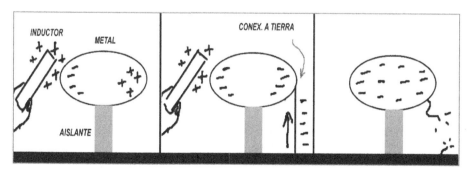

3. Polarización: en este proceso, un inductor se acerca a un cuerpo no metálico y los electrones, con poca facilidad de movimiento dentro del cuerpo, logran interactuar entre sí provocando un efecto cascada y logrando una manifesación macroscópica que se traduce en la atracción eléctrica entre el cuerpo polarizado y el inductor. Microscópicamente, ocurre que la periferia de electrones pierde simetría, provocando una polarización de cada átomo.

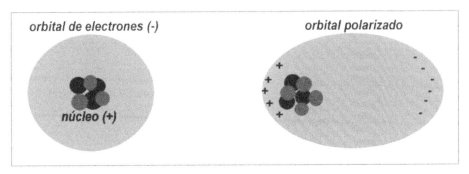

Unidad de carga eléctrica

Como la transferencia de carga entre los cuerpos es comúnmente de millones de millones de electrones, definimos una unidad más conveniente para analizar problemas de electricidad y magnetismo. Se define entonces el Coulomb de carga de la siguiente manera:

$$1C \underline{\hspace{1cm}} 6,25 \times 10^{18} e$$

Que corresponde a una cantidad enorme de cargas fundamentales (en valor absoluto, la carga del electrón o del protón, ver constantes universales)

Conservación de la carga

La carga eléctrica es una magnitud que, al igual que la energía o la cantidad de movimiento, también se conserva en un sistema aislado. Es decir, en cualquier proceso de electrización, la cantidad de carga de un sistema cerrado permanece constante. La carga neta inicial del sistema debe ser igual a la carga neta final. Matemáticamente lo podemos expresar así:

190

$$q_{inicial,sist.} = q_{final,sist.}$$

Otra manera de expresar lo anterior es considerando que la variación de la carga neta en un sistema cerrado es cero:

$$\Delta q_{sist.} = 0$$

Cuantización de la carga

Hasta el momento, no se ha observado que la carga pueda transferirse de un cuerpo a otro en unidades inferiores a la carga fundamental. Es decir, la carga eléctrica posee una unidad fundamental indivisible y la carga de cualquier cuerpo solo puede ser un múltiplo entero de esa carga fundamental.

Matemáticamente podemos expresar lo anterior de la siguiente manera:

$$q = n.e \quad\quad si \ n \in \mathbb{Z} \rightarrow q \ \exists$$

Ley de Coulomb

En 1785, Charles Augustin de Coulomb, encontró una relación entre la fuerza eléctrica entre dos cargas, la magnitud de estas y la distancia que las separa.

Experimentando con una balanza de torsión, extremadamente sensible, logró determinar que la fuerza eléctrica entre dos cargas era directamente proporcional al producto de dichas cargas e inversamente proporcional al cuadrado de la distancia que las separa.

$$Fe = \frac{k.|q_1.q_2|}{r^2}$$

Para representar el vector fuerza eléctrica solo debemos recordar que las cargas iguales se repelen y que las opuestas se atraen.

191

Podemos enunciar una forma general para la Ley de Coulomb, más formal, de la siguiente manera:

$$\overrightarrow{F_{12}} = \frac{k . q_1 . q_2}{r^2} \hat{r}$$

Donde debemos prestar atención al versor r, definido como un vector unitario, cuya dirección y sentido está dada por la dirección que une las cargas:

$$\hat{r} = \frac{\vec{r}}{\|\vec{r}\|}$$

La fuerza eléctrica en un átomo

En un modelo sencillo del átomo de hidrógeno se considera un protón y un electrón separados una distancia de $5,3x10^{-11}$m. ¿Podemos saber cuál es la fuerza eléctrica entre estas dos partículas? También podemos comparar esta fuerza con la gravitatoria y determinar cuál es la verdadera responsable de la estabilidad atómica.

En primer lugar vamos a representar la situación. Como el protón tiene la misma carga que el electrón pero sus signos son opuestos, debemos representar las fuerzas eléctricas de atracción.

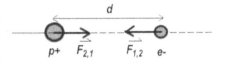

Ahora solo resta aplicar la ley de Coulomb para calcular el módulo de la fuerza, recordando que la carga del protón y del electrón en valor absoluto es la carga fundamental,

$$F_e = k . \frac{|q_1| . |q_2|}{d^2}$$

$$F_e = 9,0x10^9 \text{Nm}^2/C^2 . \frac{(1,6x10^{-19}C)^2}{(5,3x10^{-11}m)^2}$$

$$F_e = 8,2x10^{-8} N$$

Una fuerza muy pequeña por cierto. Piense que para levantar un paquete de manteca de 100g usted realiza una fuerza de 1N. Empezamos a sospechar, si es esta fuerza la que mantiene estable al átomo.

La fuerza que domina a gran escala, por ejemplo entre los planetas y el Sol, en las galaxias o sin ir más lejos entre nosotros y la Tierra, es la fuerza gravitatoria. Calculemos la fuerza gravitatoria entre estas dos partículas con la ayuda de la ley de gravitación universal,

$$F_g = G.\frac{m_1.m_2}{d^2}$$

La situación es muy similar a la anterior dibujaremos los vectores de atracción gravitatoria iguales a los de atracción eléctrica porque aún no calculamos el módulo.

Ahora pasamos a emplear la ley de gravitación universal formulada por Newton para calcular el módulo de Fg:

$$F_g = G.\frac{m1.m2}{d^2}$$

$$F_g = 6,67x10^{-11}\frac{Nm^2}{Kg^2}.\frac{1,67x10^{-27}Kg.9,11x10^{-31}Kg}{(5,3x10^{-11}m)^2}$$

$$F_g = 3,6x10^{-47}N$$

El resultado es aún mucho más pequeño! De hecho muchísimo más pequeño. Para entender esto comparemos que tan grande es la fuerza eléctrica en relación a la gravitatoria.

$$\frac{F_e}{F_g} = \frac{8,2x10^{-8}N}{3,6x10^{-47}N} = 2,3x10^{39}$$

Eso quiere decir que la fuerza eléctrica es Dos mil trescientos sixtillones de veces más grande que la gravitatoria! No nos quedan dudas ahora, que la fuerza eléctrica es la responsable de la estabilidad de los átomos.

Campo eléctrico

Podemos definir al campo eléctrico como un campo vectorial, es decir un conjunto ordenado de vectores, que describen al espacio que rodea los cuerpos cargados eléctricamente en virtud de su interacción con otras cargas.

Vemos que el campo eléctrico es un modelo abstracto, esto es, un ente matemático que no es tangible, pero que resulta útil para describir las interacciones eléctricas. En la figura vemos una representación del campo vectorial de una carga puntual positiva.

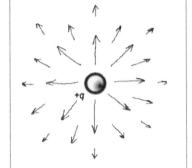

Matemáticamente, se define el campo eléctrico como la fuerza eléctrica que actúa sobre una carga eléctrica de prueba y el valor de dicha carga:

$$\vec{E} = \frac{\overrightarrow{Fe}}{q_0}$$

Campo eléctrico de una carga puntual

Se puede deducir fácilmente, al calcular la fuerza eléctrica entre una carga real (q) y una carga de prueba (q_0), que podemos considerar imaginaria, y usando la definición anterior, que el módulo del campo eléctrico de una carga puntual será:

$$E = \frac{k.|q|}{r^2}$$

Líneas de campo y vector campo eléctrico

Una manera cómoda de representar el campo eléctrico es usando líneas alrededor de las cargas eléctricas.Estas líneas resultarían de la unión de los infinitos vectores que la rodea. Esta representación tiene algunas ventajas y desventajas.

La mayor desventaja de esta representación es que perdemos precisión al describir el campo eléctrico, pues a diferencia de un vector no podemos realizar cálculos ni visualizar el campo punto a punto. Sin embargo ofrece una enorme ventaja si queremos obtener una visión global del campo eléctrico en todo el espacio que rodea a las cargas. Es como un "mapa" que nos permite estudiar la situación cualitativamente y que es útil antes de realizar un estudio cuantitativo que sin dudas es más laborioso.

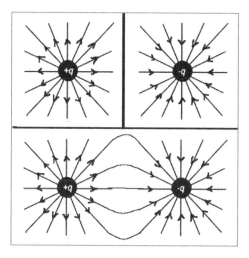

Las líneas de campo se definen salientes respecto a las cargas positivas y entrantes respecto a las negativas. En la figura podemos apreciar esta convención.

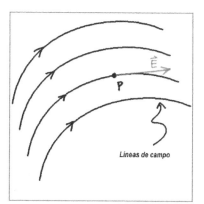

Líneas de campo

Se puede observar también que cerca de las cargas, las líneas están menos espaciadas que lejos de ellas, lo que es una señal de que el campo se hace más débil a medida que nos alejamos de las cargas.

También se representa lo que sucede cuando acercamos dos cargas de signos opuestos, configuración conocida como DIPOLO ELÉCTRICO. Las líneas de campo se conectan llegando de una carga a la otra.

El vector campo eléctrico en un punto del espacio, siempre será tangente a las líneas de campo eléctrico.

Principio de superposición (para campos eléctricos)

En cualquier punto del espacio, si consideramos la presencia de varias cargas eléctricas, el campo eléctrico neto, resulta la suma vectorial, de los campos eléctricos individuales.

Para cargas puntuales discretas:

$$\vec{E}_{neto} = \sum \vec{E}_i$$

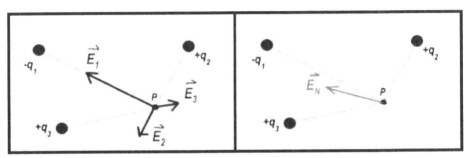

Para cuerpos extensos (forma integral):

Se considera un cuerpo extenso, un disco, un aro, una esfera y puede deducirse que el campo eléctrico, será la suma de los campos eléctricos creados por las "infinitas" cargas puntuales que lo componen. Ese tipo de suma, se traduce en una integral:

$$\vec{E}_{neto} = \int \frac{k.dq}{r^2} \hat{r}$$

Esta integral se resuelve, expresando dq, en términos de la posición r y puede volverse muy compleja o imposible de resolver por métodos directos. Por este motivo, será de utilidad la aplicación de la ley de Gauss para estudiar el campo eléctrico de cuerpos extensos.

No obstante consideraremos la aplicación de la anterior expresión para analizar los siguientes ejemplos:

196

Campo eléctrico de un Aro de radio R y carga q, en su dirección axial z

$$\vec{E} = \frac{kqz}{\left(R^2 + z^2\right)^{3/2}}\hat{z}$$

Campo eléctrico de una segmento cargado eléctricamente de longitud L, en la dirección simétrica y perpendicular al segmento

$$\vec{E} = \frac{\lambda L}{2\pi\varepsilon_0 z\sqrt{L^2 + 4z^2}}\hat{z}$$

Siendo z, la dirección perpendicular al segmento y medida desde el punto medio del mismo.

Resulta muy interesante analizaralgunos límites.

Primero supongamos que nos alejamos mucho del segmento, es decir:

$$\lim_{z\to\infty} \vec{E} = \frac{\lambda L}{4\pi\varepsilon_0 z^2}\hat{z} = \frac{kq}{z^2}\hat{z}$$

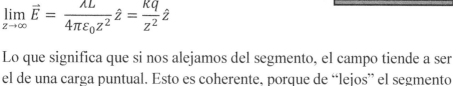

Lo que significa que si nos alejamos del segmento, el campo tiende a ser el de una carga puntual. Esto es coherente, porque de "lejos" el segmento no se distingue como tal, sino que se parece más a una carga puntual.

Otro límite interesante es considerar un segmento muy grande, o sea:

$$\lim_{L \to \infty} \vec{E} = \frac{\lambda}{2\pi\varepsilon_0 z}\hat{z}$$

Que es como veremos más adelante, usando la ley de Gauss, el campo eléctrico de una línea "infinita" de carga.

Flujo de campo eléctrico

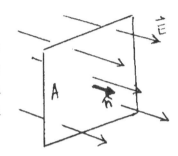

Se define como la cantidad de líneas de campo que intersectan una superficie determinada en la dirección perpendicular a esta. Matemáticamente se computa como la siguiente integral:

$$\phi_E = \int \vec{E}.\hat{n}.\,dA$$

Observe el producto escalar entre el campo eléctrico y el versor normal a la superficie, lo que dará un producto máximo cuando estos sean paralelos (o sea que el campo sea perpendicular a la superficie que intersecta) y será mínima cuando sean perpendiculares.

En condiciones de simetría, el flujo eléctrico será constante y viene dado por las siguientes expresiones,

$$\phi_E = E.A$$

Cuando la superficie es perpendicular al campo eléctrico.

Si la superficie y las líneas de campo son paralelas, la expresión se reduce a cero:

$$\phi_E = 0$$

Si consideramos una superficie cerrada, podemos definir el **flujo neto de campo eléctrico** de la siguiente manera, y un poco más formal:

198

$$\Phi_E = \oiint \vec{E} . \hat{n} . dA$$

Donde la integral se define como una integral de superficie cerrada.

Cuando la superficie cerrada puede dividirse en varias superficies, como por ejemplo en el caso de un prisma o un cilindro, se puede considerar que el flujo neto es la suma del flujo en cada cara:

$$\Phi_E = \sum \phi_{E_i} = \sum E_i . A_i \cos\theta_i$$

En general se estudian casos en donde el campo genera un flujo máximo y el coseno de la expresión vale 1 o bien es mínimo y el coseno vale cero.

Ley de Gauss para el campo eléctrico

Carl Friederich Gauss, encontró que el flujo neto de campo eléctrico era proporcional a la carga encerrada por cualquier superficie cerrada. Denominamos a esta superficie imaginaria, en honor al científico, superficie gaussiana. Es posible demostrar que el flujo neto, a través de cualquier superficie gaussiana es:

$$\Phi_E = \frac{q_{enc}}{\varepsilon_0}$$

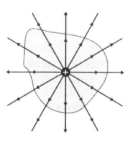

Expresión que será muy útil para determinar el campo eléctrico de cuerpos que presentan un alto grado de simetría.

Ejemplos de campos eléctricos con simetría

1. Campo eléctrico de una carga puntual

Si encerramos una carga puntual por una superficie gaussiana que presente simetría con el campo radial de la carga, es decir por una esfera gaussiana, podemos deducir que el campo eléctrico de una carga puntual es:

$$\vec{E} = \frac{k.q}{r^2}\hat{r}$$

Como a veces solo estamos interesados en conocer el módulo del campo eléctrico, la expresión se reduce a:

$$E = \frac{k.|q|}{r^2}$$

Gráficamente el campo eléctrico en función de la distancia radial, *E=f(r)*, puede representarse de la siguiente manera:

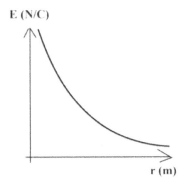

2. Campo eléctrico de un plano "infinito" cargado eléctricamente

Consideremos un plano "infinitamente" grande, en comparación a la distancia a la que pretendemos estudiar su campo eléctrico. Es posible definir en primer lugar la densidad superficial de carga, que nos dice cómo está distribuida la carga eléctrica en la superficie.

Densidad superficial de carga

$$\sigma = \frac{Q}{A}$$

Aplicando la ley de Gauss y escogiendo una superficie gaussiana adecuada, podemos deducir que el módulo del campo eléctrico en la dirección perpendicular a la placa es:

$$E = \frac{\sigma}{2\varepsilon_0}$$

Podemos formalizar un poco más, y definir que si colocamos la placa en x=0, de forma que el eje x quede perpendicular a la placa, entonces el campo eléctrico para cualquier punto de x será:

$$\vec{E} = \begin{cases} \dfrac{\sigma}{2\varepsilon_0}\hat{\imath} & si\ x > 0 \\ -\dfrac{\sigma}{2\varepsilon_0}\hat{\imath} & si\ x < 0 \end{cases}$$

Gráficamente, podemos representar la anterior expresión de la siguiente manera:

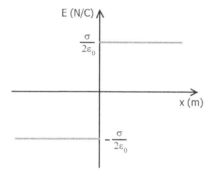

3. Campo eléctrico creado por dos placas cargadas paralelas con cargas opuestas

Si colocamos dos placas paralelas con densidad de carga iguales y opuestas, podemos definir tres zonas claras (en relación a un eje perpendicular a ellas) para estudiar el campo eléctrico resultante: a la izquierda de las placas, entre las dos placas y a la derecha de las placas.

Si realizamos dicho estudio, encontraremos que fuera de las placas, tanto a la izquierda como a la derecha, el campo se anula, mientras que entre medio, el campo eléctrico se refuerza al doble.

El módulo del campo eléctrico entre las placas es:

$$E = \frac{\sigma}{\varepsilon_0}$$

En la siguiente imagen podemos ver un diagrama del campo eléctrico formado por las dos placas.

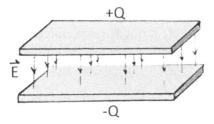

En conclusión podemos decir que el campo eléctrico de dos placas será:

$$E = \begin{cases} \dfrac{\sigma}{\varepsilon_0} & entre\ las\ placas \\ 0 & fuera\ de\ las\ placas \end{cases}$$

Suponga que colocamos la placa positiva en x=0 y la placa negativa en x=a, podemos graficar el campo eléctrico en la dirección x de la siguiente manera:

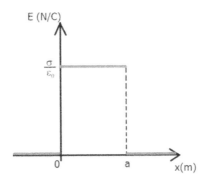

4. Campo eléctrico de una línea "infinita" de carga

Si consideramos un cuerpo lineal cargado eléctricamente, en primer lugar debemos considerar su densidad lineal de carga, es decir, la cantidad de carga por unidad de distancia, y lo definimos de la siguiente manera:

$$\lambda = \frac{Q}{L}$$

Tal vez, el lector se pregunte porqué considerar la longitud del cuerpo si lo consideramos infinitamente largo. Y lo que sucede es que estamos considerando que estudiamos el campo eléctrico a distancias mucho menores que la longitud del cuerpo lineal.

Aplicando la ley de Gauss y escogiendo una superficie que respete la simetría cilíndrica del conductor, obtenemos la expresión para el campo eléctrico de la línea de carga:

$$E = \frac{\lambda}{2\pi\varepsilon_0 r}$$

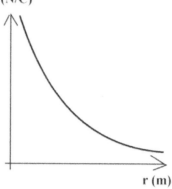

La gráfica del campo eléctrico en función de la distancia radial es similar a la de la carga puntual, pero el campo "decrece" más lentamente en función de r.

5. Campo eléctrico de un cascarón esférico cargado eléctricamente

Si consideramos una esfera hueca conductora, con carga eléctrica Q y radio R, se diferencian claramente dos zonas para estudiar el campo eléctrico, en el interior del cascarón, donde por cierto no hay carga eléctrica, y en el exterior del cascarón.

Para aplicar la ley de Gauss, elegimos en primer lugar una superficie gaussiana esférica concéntrica con el cascarón y de radio menor al mismo. Al no haber carga encerrada, deducimos que el campo eléctrico es nulo.

Por otra parte, si consideramos una esfera gaussiana mayor al cascarón, podremos demostrar que el campo eléctrico será idéntico al de una carga puntual "concentrada" en el centro de la esfera.

La expresión para el módulo del campo eléctrico será:

$$E = \begin{cases} E = \dfrac{k.Q}{r^2} , & si\ r > R \\ 0 & ,\ si\ r \leq R \end{cases}$$

Y la dirección y sentido vendrá definido por la dirección radial del cascarón y la carga (positiva o negativa) del mismo.

Gráficamente, podemos representar de forma muy elegante el campo eléctrico del cascarón.

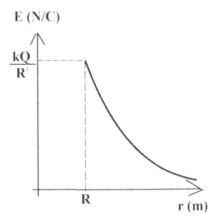

6. Campo eléctrico de una esfera sólida cargada uniformemente

Analizando cuerpos con simetría esférica, uno de los ejemplos más estudiados, es el de una esfera sólida no conductora con carga distribuida uniformemente. En esas condiciones, es posible definir una densidad de carga volumétrica, que será constante:

$$\rho = \frac{Q}{V} = \frac{Q}{\frac{4}{3}\pi R^3}$$

Luego, definiendo las superficies gaussianas, de forma similar al cascarón esférico estudiado en el ejemplo anterior, obtendremos la expresión para el campo eléctrico:

$$E = \begin{cases} E = \dfrac{k.Q}{r^2} , & si\ r > R \\ E = \dfrac{\rho r}{3\varepsilon_0}, & si\ r \leq R \end{cases}$$

Observe que en este caso, en r=R, el campo eléctrico adopta el mismo valor si lo estudiamos desde afuera y desde adentro. Por otra parte, es posible demostrar, al estudiar la simetría del campo eléctrico, que éste siempre tiene dirección radial.

La representación gráfica del campo eléctrico en función de la distancia radial, es la siguiente:

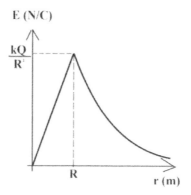

Potencial eléctrico y diferencia de potencial

Una de las magnitudes más útiles para estudiar sistemas eléctricos, es el potencial eléctrico. Tiene la virtud de ser una magnitud escalar, lo cual lo hace más fácil para resolver ciertos problemas, además de darnos excelente información del campo eléctrico en cierta zona del espacio.

Definición de diferencia de potencial eléctrico (voltaje)

Se define como el cociente entre el trabajo de una fuerza externa que actúa sobre una carga, para moverla cierta distancia en el interior de un campo eléctrico a velocidad constante y el valor de dicha carga:

$$\Delta V = \frac{W_{ext}}{q}$$

A partir de esta definición será posible relacionar el trabajo de la fuerza externa con la fuerza eléctrica que actúa sobre la carga (que será opuesta) y la distancia recorrida por la carga.

Si soltamos una pelotita a cierta altura de la superficie de la Tierra, ésta acelerará hacia el piso debido a la acción del campo gravitatorio terrestre.

Es posible asignarle a la pelotita una energía potencial gravitatoria inicial, y que a medida que esta caeva transformando en energía cinética. La masa de la pelotita, es muy pequeña en comparación a la masa de la Tierra y por eso que la primera experimenta una aceleración apreciable y medible.

Podemos ver en las siguientes figuras el fenómeno anteriormente descrito y una nueva situación sustituyendo ahora la masa por una carga, y el campo gravitatorio por un campo eléctrico.

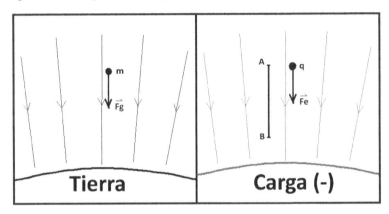

En las imágenes se pueden apreciar las fuerzas gravitatoria y eléctrica que actúan en cada caso. Nótese que se utilizó una carga negativa como generadora del campo eléctrico para que fuera más parecida la situación.

Diferencia de potencial y campo eléctrico (para campos constantes)

Si consideramos un campo eléctrico constante, la relación entre el campo eléctrico y la diferencia de potencial entre dos puntos será:

$$E = -\frac{\Delta V}{\Delta x}$$

Diferencia de potencial y campo eléctrico (forma diferencial)

Para un análisis más complejo, con campos eléctricos no uniformes, usaremos la relación diferencial entre campo eléctrico y diferencia de potencial:

$$E = -\frac{dV}{dr}$$

Cálculo de la diferencia de potencial a partir del campo eléctrico

Si analizamos la anterior ecuación e integramos la expresión, podemos hallar la diferencia de potencial si conocemos el campo eléctrico:

$$\Delta V = -\int_{r_0}^{r_f} \vec{E}.\overrightarrow{dr}$$

Expresión que será de utilidad para determinar el potencial eléctrico en función de la posición para diversos cuerpos.

Para determinar el potencial eléctrico será útil escribir la anterior integral de la siguiente forma:

$$V = V_0 - \int \vec{E}.\overrightarrow{dr}$$

Definiendo un potencial de referencia V_0, conveniente, obtendremos la expresión para el potencial eléctrico de diversos cuerpos.

Potencial de una carga eléctrica puntual

Un claro ejemplo de la utilidad de la expresión anterior, es el potencial de una carga puntual. Partimos de la ecuación final:

$$V = V_0 - \int E.dr$$

Sustituimos por el campo de una carga puntual,

$$V = V_0 - \int \frac{k.Q}{r^2}.dr$$

$$V = V_0 - k.Q \int \frac{dr}{r^2}$$

Al resolver la integral,

$$V = V_0 - k.Q\left(-\frac{1}{r}\right)$$

$$V = V_0 + \frac{k.Q}{r}$$

Ahora basta definir el potencial de referencia V_0 de forma conveniente y lo más conveniente en este caso, es definir que r tiende a ser muy grande (en el infinito), el potencial será cero. De esta forma, la expresión final será:

$$V = \frac{k.Q}{r}$$

Energía potencial eléctrica entre dos cargas

A partir de la definición de diferencia de potencial eléctrico, es posible definir la energía potencial eléctrica entre dos cargas q y Q separadas una distancia r:

$$U_e = \frac{k.q.Q}{r}$$

Expresión que resultará útil para analizar por ejemplo la energía de los enlaces químicos entre dos iones o entre dos moléculas polares.

Capacitores (o Condensadores)

Los capacitores (también llamados condensadores), fueron creados en el año 1746 por el holandés Pieter van Musschenbroek y el alemán Ewan von Kleist, cuando trataban de almacenar carga eléctrica en una botella de agua. Es así que el primer condensador, que se trataba de una botella de vidrio, una cadena en su interior y un metal que recubre el exterior, fue denominada Botella de Leyden, en honor a la universidad del alemán van Musschenbroek, donde enseñaba.

Los capacitores modernos, se construyen básicamente con dos papeles metálicos, separados por un aislante o dieléctrico los cuales se envuelven y se conectan a dos terminales que suelen estar marcadas con positivo o negativo.

El funcionamiento es sencillo, gracias a una fuente externa de voltaje, o fuerza electro motriz (f.e.m), los electrones de una de las placas, migran hacia la otra, generando en su interior, un campo eléctrico que permite almacenar energía.

La capacitancia depende de factores geométricos como veremos más adelante.

Capacidad (definición)

Se define como el cociente entre la carga almacenada por el capacitor y el voltaje al que fue necesario someterlo para almacenar esa carga.

$$C = \frac{Q}{V}$$

Un condensador generalmente tiene un límite de voltaje, que nos indica que no podemos superarlo, pues provocaríamos la ruptura dieléctrica del material aislante, lo que daña al condensador de forma permanente.

De la misma manera, si sometemos al condensador a un voltaje menor al que soporta, tan solo se almacenará menos carga pero el cociente entre Q y V se mantiene constante.

Condensador de placas paralelas (sin dieléctrico)

Si consideramos el campo eléctrico de dos placas paralelas con cargas iguales y opuestas. Podemos, a partir de la definición de campo eléctrico, diferencia de potencial y campo de 2 placas, deducir la siguiente expresión:

$$C = \frac{\varepsilon_0 \cdot A}{d}$$

Donde vemos que a mayor área y menor distancia entre las placas, la capacitancia aumenta.

Condensador de placas paralelas (con dieléctrico)

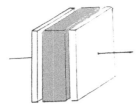

Es muy difícil mantener separadas, mecánicamente, las placas de un condensador, sin usar un dieléctrico entre medio. No obstante, al colocar un material aislante entre las dos placas, éste se polariza de forma que se atenúa el campo eléctrico entre las placas y por ende el voltaje entre ellas. Finalmente, esto tiene como consecuencia que la capacitancia aumente en un factor que suele expresarse como constante dieléctrica k.

$$C = \frac{k \cdot \varepsilon_0 \cdot A}{d}$$

Siempre causa asombro, cuando les invito a mis estudiantes, a calcular el costo de un condensador de 1F, si utilizamos para su confección, cartulina y papel aluminio.

Unos cálculos sencillos y algunas estimaciones, nos permiten encontrar que el precio se hace tan elevado (millones de dólares) y las dimensiones tan impresionantes que se hace verdaderamente imposible construirlo.

No obstante la tecnología logra milagros, como por ejemplo condensadores de 1F que pueden caber en la mano y cuyo costo no supera los 30 dólares.

Tabla de constantes dieléctricas para distintos materiales

Constantes dieléctricas de materiales			
Aire	1.00	Papel	3.00
Alsimag 196	5.70	Plexiglás	2.80
Baquelita	4.90	Polietileno	2.30
Celulosa	3.70	Poliestireno	2.60
Fibra de Carbono	6.00	Porcelana	5.57
Formica	4.75	Vidrio Pyrex	4.80
Vidrio	7.75	Cuarzo	3.80
Mica	5.40	Esteatita	5.80
Micalex	7.40	Teflón	2.10

Capacitores en paralelo

Si colocamos dos o más condensadores en paralelos, podemos deducir que la capacitancia total del conjunto viene dado por la siguiente expresión:

$$C_{total} = C_1 + C_2 + \cdots + C_N$$

Capacitores en serie

Para condensadores conectados en serie, la capacitancia total se obtiene a partir de la siguiente expresión:

$$\frac{1}{C_{total}} = \frac{1}{C_1} + \frac{1}{C_2} + \cdots + \frac{1}{C_N}$$

Energía electrostática almacenada en un capacitor

A partir de la definición de diferencia de potencial y de capacitancia, es posible obtener expresiones útiles para la energía potencial eléctrica almacenada en un condensador. El lector podrá deducir cualquiera de las expresiones a partir de la definición de diferencia de potencial y considerando que el trabajo externo será utilizado para almacenar energía en el condensador.

$$U = \frac{1}{2}CV^2 \qquad\qquad U = \frac{1}{2}QV \qquad\qquad U = \frac{Q^2}{2C}$$

Densidad de energía electrostática

Si realizamos el cociente entre la energía almacenada en un condensador y el volumen del mismo (de la zona en donde se presenta el campo eléctrico uniforme), encontraremos una útil expresión que es válida inclusive para cualquier zona donde haya un campo eléctrico:

$$u_E = \frac{\varepsilon_0 E^2}{2}$$

Electromagnetismo II: Electrodinámica

En esta sección, se repasan los principales conceptos involucrados en los circuitos eléctricos y el movimiento de cargas en general. Son importantes aquí, los conceptos de intensidad de corriente, voltaje y resistencia eléctrica.

Corriente eléctrica

Podemos entender la corriente eléctrica como un flujo de cargas que circula por un conductor. Inicialmente, se creyó que los portadores de carga en los conductores metálicos eran cargas positivas, pero luego, con el descubrimiento del electrón, se entendió por fin, que eran éstos los encargados de la conducción de la electricidad (sentido real de la corriente).

Sin embargo, como la convención de cargas positivas o negativas es totalmente arbitraria, se decidió continuar con el modelo de portadores de cargas positivas (sentido convencional de la corriente) para el estudio de los circuitos eléctricos y solo se tomará en cuenta el sentido real, en algunos fenómenos, como el efecto Hall.

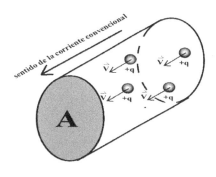

Intensidad de corriente eléctrica

Definimos la intensidad de corriente eléctrica como la cantidad de cargas eléctricas que atraviesan una sección transversal de un conductor por unidad de tiempo:

$$i = \frac{\Delta q}{\Delta t}$$

En la anterior expresión, la intensidad se mide en Amperes.

Notación Newtoniana para la derivada temporal

Podemos formalizar un poco más, diciendo que la intensidad de corriente es la derivada temporal de la carga:

$$i = \frac{dq}{dt} = \dot{q}$$

Me gusta aquí introducir la notación de derivada temporal adoptada por Newton en el desarrollo del cálculo diferencial que realizó para el estudio de la mecánica. Observe que en vez de escribir el cociente de dos diferenciales, se le coloca un pequeño puntito a la variable **q** que es la que se deriva respecto al tiempo.

Usted puede escribir, usando esta notación, la velocidad y la aceleración de un cuerpo, de la siguiente manera:

$$v = \dot{x}$$

$$a = \dot{v} = \ddot{x}$$

Cálculo de la variación de carga a partir de la intensidad de corriente

Suponiendo que la intensidad de corriente en un conductor no es constante, aún se puede determinar la variación de carga que transcurre en determinada cantidad de tiempo. Claro que debemos conocer la expresión para la intensidad en función del tiempo, es decir i=f(t).

Reordenando la expresión de la intensidad de corriente:

$$dq = i.dt$$

Integrando en ambos miembros,

$$\int_{Q_0}^{Q_f} dq = \int_{t_0}^{t_f} i\,dt$$

Observe que la expresión de la derecha es la variación de carga, finalmente obtenemos:

$$\Delta q = \int_{t_0}^{t_f} i\,dt$$

Gráficamente, podemos entenderlo como el área de la gráfica intensidad – tiempo, es decir:

$$\Delta q = \acute{A}rea\,[i = f(t)]$$

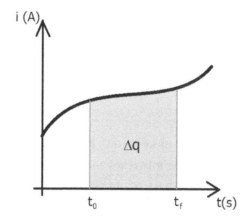

Densidad de corriente

Se define como el cociente entre la intensidad de corriente (si es constante) y el área transversal del conductor. Como es una magnitud vectorial, es necesario introducir un versor, que sea normal al área y en el sentido de la corriente eléctrica:

$$\vec{j} = \frac{i}{A}\hat{n}$$

Y cuando la intensidad de corriente no es uniforme, escribimos la expresión usando diferenciales:

$$\vec{j} = \frac{di}{dA}\hat{n}$$

En problemas avanzados de electrodinámica, se puede conocer una expresión para la densidad de corriente en función de distintas coordenadas, por ejemplo x e y, y puede obtenerse la intensidad de corriente por integración:

$$i = \iint \vec{j}.\hat{n}dA$$

Observe que la integral doble, resulta del hecho que integramos respecto al área y en general usamos dos coordenadas. Por otra parte, observe que el producto escalar entre j y n, nos indica que el resultado es un escalar, lo cual es un gran argumento para definir la intensidad como una magnitud escalar.

Resistencia eléctrica

Puede entenderse como la oposición que presenta un material determinado, al pasaje de la corriente eléctrica. De esta manera, encontramos en general tres tipos de materiales según su baja o alta resistencia:

1. **Conductores:** que tienen una muy baja resistencia y por lo tanto conducen muy bien la electricidad. Como los metales (que poseen electrones libres de conducción) y algunas soluciones salinas.

2. **Aislantes:** con resistencias eléctricas muy altas, lo cual hace que no conduzcan bien la electricidad. Son en general materiales y sustancias que no tienen electrones libres de conducción. Son ejemplos, los plásticos, las cerámicas, la goma y la madera, entre muchos otros.

3. **Semiconductores**: Son materiales y sustancias que poseen una resistencia intermedia y que pueden actuar como conductores o aislantes, según la dirección de la corriente y las impurezas que presente el material. El silicio y el galio, son los ejemplos más comunes de semiconductores, y el desarrollo de toda la tecnología de transistores y circuitos integrados, fue posible gracias a los semiconductores.

Matemáticamente, podemos definir la resistencia eléctrica, como el cociente entre el voltaje entre los extremos de un material y la intensidad de corriente que pasa por él. Es decir:

$$R = \frac{V}{i}$$

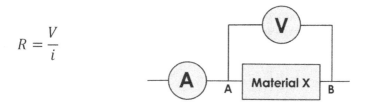

Muchas veces, se confunde la anterior expresión con la Ley de Ohm, sin embargo esto no es correcto. Puede no cumplirse la Ley de Ohm y aun así es posible definir la resistencia de un material de la forma expresada. Solo que la resistencia no será constante para diferentes valores de V e I.

Código de colores para las resistencias

Si usted observa una resistencia, verá que en general no dice el valor de la misma, sino que posee un código de colores que permite su lectura. Cada franja de color tiene su significado.

Para poder interpretar bien el código de colores es necesario saber lo que significan cada una de las barras que encontramos generalmente en una resistencia:

- La primera barra representa el primer dígito.
- La segunda barra representa el segundo dígito.

- La tercera barra es la cantidad de ceros que debemos agregar a los dos dígitos anteriores o bien el multiplicador.
- La última barra es la incertidumbre propia de fabricación o tolerancia (pues sabemos que no hay medidas exactas).

Con el siguiente cuadro, sabremos qué valor asignarle a cada color:

CÓDIGO DE COLORES DE LAS RESISTENCIAS

COLOR		1ERA BANDA	2DA BANDA	3ERA BANDA	TOLERANCIA
NEGRO		0	0	X1	
MARRÓN		1	1	X10	1%
ROJO		2	2	X100	2%
NARANJA		3	3	X1000	
AMARILLO		4	4	X10000	
VERDE		5	5	X100000	
AZUL		6	6	X10E6	
VIOLETA		7	7	X10E7	
GRIS		8	8	X10E8	
BLANCO		9	9	X10E9	
DORADO				X0,1	5%
PLATEADO				X0,01	10%
SIN COLOR					20%

Ley de Ohm

Algunos materiales tienen la propiedad de que al someterlos a diferentes intensidades de corriente, el voltaje resulta directamente proporcional a la intensidad.

Por lo tanto, la resistencia eléctrica será constante. Gráficamente veremos que el comportamiento de estos materiales es lineal para el voltaje vs la intensidad.

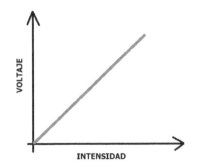

La pendiente de esta gráfica, nos permitirá hallar la resistencia eléctrica:

$$R = \frac{\Delta V}{\Delta i}$$

Todos los materiales que cumplen con esta ley se denominan óhmicos.

No todos los materiales presentan una relación lineal entre el voltaje y la intensidad. El ejemplo más común es una lamparita, pues aumenta su resistencia conforme aumenta su temperatura al pasar más corriente a través de ella.

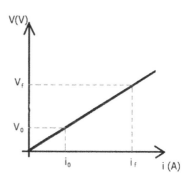

Símbolos usados en los circuitos eléctricos

De manera universal, se han adoptado ciertos símbolos para la representación esquemática de los circuitos eléctricos. A continuación se describen algunos de esos símbolos y su significado:

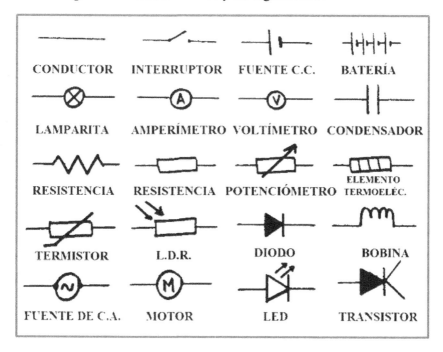

219

Leyes de Kirchhoff

En 1845 Gustav Kircchoff desarrollo una serie de ecuaciones que resultaban de la aplicación de principios de conservación de la física como la conservación de la carga y la conservación de la energía, aplicados a los circuitos eléctricos.

Ley de Corrientes de Kirchhoff

También denominada comúnmente, ley de los nodos. Establece que la suma de las corrientes que entran a un nodo (unión de tres o más conductores), es igual a la suma de las corrientes que salen de él.

Por lo tanto la suma de todas las corrientes que pasan por un nodo es igual a cero:

$$\sum i_{entrantes} = \sum i_{salientes}$$

$$\sum_{j=1}^{N} i_j = 0$$

Esta ley es una consecuencia del principio de conservación de la carga, ya que en un flujo continuo de carga, no puede acumularse carga en los nodos, ni mucho menos desaparecer.

Ley de las Tensiones de Kirchhoff

O también conocida como ley de las mallas. Establece que la suma de todas las tensiones o voltajes en una malla (circuito simple cerrado) es siempre cero.

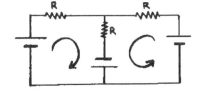

$$\sum_{j=1}^{N} V_j = 0$$

Es una consecuencia del principio de conservación de energía, ya que si algún elemento consume energía se transforma en luz, calor o energía cinética, debe existir alguna fuente que provee de energía al circuito como un generador o fuente.

Resistencias en serie

Al aplicar las leyes de Kirchhoff a un conjunto de resistencias en serie y al entender que la intensidad es la misma para todas, obtenemos la siguiente expresión:

$$R_{total} = R_1 + R_2 + \cdots + R_N$$

R_1 R_2 R_3

Resistencias en paralelo

Aplicando las leyes de Kirchhoff y analizando que el voltaje es el mismo en todas las resistencias, se obtiene la siguiente expresión:

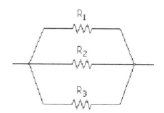

$$\frac{1}{R_{total}} = \frac{1}{R_1} + \frac{1}{R_2} + \cdots + \frac{1}{R_N}$$

Estudio de un circuito eléctrico "paso a paso"

Como ejemplo de aplicación de los conceptos anteriores, consideremos el siguiente circuito, formado una batería de 9,0V, un amperímetro, un voltímetro y tres resistencias iguales cuyos códigos de colores son Marrón-Negro-Rojo-Dorado.

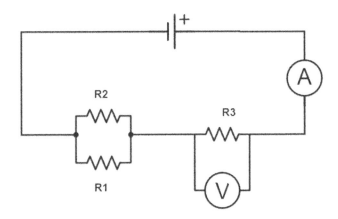

Suponga que deseamos conocer con anticipación la lectura que marcan tanto el amperímetro como el voltímetro.

En primer lugar analizamos las dos resistencias que se encuentran en paralelo. Según el código de colores, ambas tienen un valor de 1000Ω con una tolerancia del 5%, y usando lo que aprendimos sobre las leyes de Kirchhoff, podemos hallar la resistencia equivalente que llamaremos R_p,

$$R_p = \frac{1}{\dfrac{1}{R_1} + \dfrac{1}{R_2}} = \frac{1}{\dfrac{1}{1000\Omega} + \dfrac{1}{1000\Omega}}$$

$$R_p = 500\Omega$$

Como vemos la resistencia equivalente, es la mitad, lo que sucede siempre que conectemos dos resistencias de igual valor en paralelo. Ahora debemos sumar la tercera resistencia que se encuentra en serie de la forma usual, para obtener así la resistencia total del circuito,

$$R_T = R_p + R_3 = 1500\Omega$$

Como ve, hemos creado una resistencia de 1500Ω a partir de tres resistencias de 1000Ω, que son más comunes. En este momento, estamos en condiciones de averiguar cuál es la lectura del amperímetro, es decir, la intensidad total del circuito,

$$i = \frac{V}{R_T} = \frac{9,0V}{1500\Omega} = 0,0060A$$

Es decir unos 6,0mA. Finalmente, al conocer la intensidad total, que es también la que pasa por R3, podemos determinar la caída de tensión en ella, que será la lectura del voltímetro,

$$V_3 = i.R_3 = 0,0060A.\,1000\Omega = 6,0V$$

Circuitos RC

Son circuitos compuestos por resistencias y condensadores. Podemos aplicar aquí también las leyes de Kirchhoff y obtendremos ecuaciones diferenciales que al resolverlas, nos permitirán analizar la corriente eléctrica o el voltaje en función del tiempo.

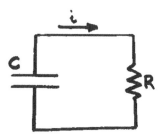

Constante de tiempo para circuitos RC

Se define como el tiempo en el que la intensidad o el voltaje en un circuito RC, decae a 1/e (cerca del 37%) del valor inicial.

$$\tau = R.C$$

Este tiempo puede obtenerse a partir de la resolución de las ecuaciones diferenciales obtenidas al analizar el circuito.

Voltaje en función del tiempo para circuitos RC

Para un condensador que se descarga a través de una resistencia, es posible obtener la siguiente expresión:

$$V = V_0.e^{-\frac{t}{RC}}$$

Gráficamente queda representado por una curva de decaimiento exponencial:

223

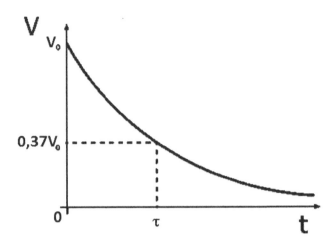

Potencia y Energía eléctrica

Utilizando la definición de potencia, es posible obtener una expresión para la potencia en los circuitos eléctricos.

A partir de la definición de potencia:

$$P = \frac{\Delta E}{\Delta t}$$

Se puede escribir también de la siguiente manera:

$$P = \frac{W_{ext}}{\Delta t}$$

Ahora utilizando la definición de diferencia de potencial,

$$P = \frac{\Delta V . q}{\Delta t}$$

Finalmente, al cociente entre la carga y la variación de tiempo, podemos entenderla como la intensidad de corriente del circuito, escribimos entonces:

$$P = \Delta V . i$$

En general se simplifica así:

$$P = V . i$$

224

Será útil también determinar la energía eléctrica a partir de la potencia.

$$\Delta E = P.\Delta t$$

Consciencia de ahorro energético

Uno de los ejemplos que más ha impactado a mis alumnos acerca de la energía de los aparatos eléctricos es el siguiente.

Suponga que en su casa se mira televisión un promedio de 2hs diarias. Mientras está prendido, disipa una potencia de 200W y mientras está apagado, en modo "Stand By", continúa disipando una pequeña potencia de 20W. Sabiendo que el precio de 1kWh es de aproximadamente $U6 (unos U$S 0,20) según la tarifa de UTE en 2015, ¿Cuánto abonaremos por el aparato mensualmente? ¿Cuánto podríamos ahorrar al cabo de un año si desenchufáramos la televisión mientras no la miramos?

Calculemos en primer lugar la energía total que consume el aparato, considerando que si está prendido (modo on) 2 horas al día, estará 22hs en modo Stand By (que llamaremos modo off). También debemos pasar la potencia a kW y dejar el tiempo en horas,

$$\Delta E = P_{on}.\Delta t_{on} + P_{off}.\Delta t_{off}$$

$$\Delta E = 0,2kW.\,2h/día.\,30días + 0,02kW.\,22h/día.\,30días$$

$$\Delta E = 12kWh + 13,2kWh$$

Observe que el televisor consume más apagado que prendido (porque mira poca televisión). El resultado final del consumo es,

$$\Delta E = 25,2kWh$$

Para hallar el gasto (G) simplemente multiplicamos la energía por el precio de cada kWh,

$$G = 25,2kWh.\frac{\$U6}{kWh} = \$U151$$

Que son unos U$S5 mensuales. Siempre llama mucho la atención de mis alumnos que deban pagar dinero por "no mirar" la televisión. Así que planteo cuál sería el ahorro anual en una casa con un solo televisor (continuaremos los planteos en dólares),

$$G = 13{,}2\,^{kWh}/_{mes} \cdot 12\ meses \cdot \frac{U\$S\ 0{,}20}{kWh} = U\$S\ 32$$

Anualmente, ahorrar 32 dólares puede no parecer mucho. Sin embargo, cuando somos conscientes que no somos la única casa en toda una ciudad, las cosas cambian mucho.

En una ciudad como Maldonado, hay aproximadamente unos 86000 habitantes al año 2015. Suponiendo que cuatro personas viven en una casa aproximadamente, tenemos unas 21500 casas.

Si consideramos que cada casa desenchufa su televisor mientras no lo usa, tendremos un ahorro, solo en la ciudad de Maldonado, de unos U$S 688000 anuales!

Imagine lo que se ahorraría en las grandes ciudades del mundo como Nueva York, Paris o Tokio. Y solo por desenchufar el televisor mientras no se usa…

Electromagnetismo III: Magnetismo y ecuaciones de Maxwell

Se cuenta que en una antigua ciudad de Grecia, había yacimientos de un metal que tenía la extraña propiedad de atraer otros metales. En honor a la ciudad de Magnesia, al material se le llamó Magnetita y fue el primer imán que se conoció. Al parecer los chinos y los vikingos, se dieron cuenta que se podía utilizar para navegar, ya que estos imanes, cortados en pequeños trocitos, siempre se orientaban hacia el mismo lugar, el Norte geográfico.

Hoy sabemos que la Magnetita no es otra cosa que Oxido Ferroso y no solo se ha encontrado en la naturaleza inerte, sino también en animales como las aves, moluscos e incluso bacterias, las cuales utilizan estos pequeños imanes para orientarse en el campo magnético terrestre.

Ahora abordaremos los fenómenos magnéticos y su relación con la Electricidad.

Algo que manejamos desde los cursos escolares, es el hecho de que los imanes tienen dos polos, que llamamos: Norte y Sur. Y que si colocamos dos imanes con los polos opuestos se atraerán y con los polos iguales se repelen.

También nos enseñan que las brújulas (pequeños imanes), apuntan hacia el Norte. No obstante, si prestamos atención, observaremos que el polo norte de la brújula, apunta hacia el Norte geográfico de la Tierra. La única conclusión posible, es que en el Norte geográfico hay un Sur Magnético.

Flujo magnético (forma integral)

Se define como la cantidad de líneas de campo magnético que atraviesan una superficie dada. Matemáticamente se expresa:

$$\phi_B = \iint \vec{B}.\hat{n}.dA$$

La anterior expresión, nos muestra simplemente que debemos considerar en cada elemento de superficie, la dirección del campo magnético que la intersecta. Debemos prestar atención al ángulo que forman la normal a la superficie y el vector campo magnético para tratar de establecer condiciones de simetría.

Flujo de campo magnético (en condiciones de simetría)

Cuando el flujo de campo magnético en cada elemento de superficie puede considerarse uniforme, es posible que, o bien se anule, o bien se exprese de la siguiente forma:

$$\phi_B = B.A.cos\theta$$

Donde en el caso de dispositivos que tengan varios conductores debemos considerar el parámetro N (cantidad de vueltas):

$$\phi_B = N.B.A.cos\theta$$

Ley de Gauss para el campo magnético

Si consideramos una superficie cerrada, se cumple para cualquier situación que el flujo magnético, a través de dicha superficie, es nulo.

$$\phi_B = 0$$

La anterior expresión puede escribirse en forma integral, y se conoce como segunda ecuación de Maxwell:

$$\oint \vec{B}.\hat{n}.dA = 0$$

Esta ley, tiene consecuencias que pueden ser observadas en un práctico, ya que se establece que las líneas de campo magnético siempre formarán bucles cerrados, como se muestra en la figura, formada con limaduras de hierro:

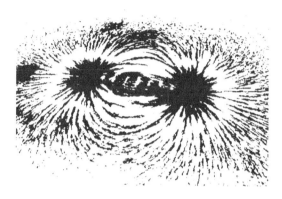

Por otro lado, también es cierto que cuando rompemos un imán siempre se obtienen dos nuevos imanes, es decir, es imposible separar lo polos de un imán y obtener mono-polos magnéticos.

Ley de Lorentz

Hendrik Lorentz (1853 – 1928), considerado por Albert Einstein como uno de los científicos más notables y un gran mentor, estudiaba el comportamiento de partículas cargadas eléctricamente dentro de un campo magnético.

Lorentz, encontró que las cargas que ingresan a un campo magnético con cierta velocidad experimentan una fuerza magnética, dada por la siguiente expresión:

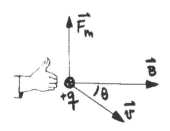

$$\overrightarrow{F_m} = q\vec{v} \times \vec{B}$$

Como vemos, es un producto vectorial, así que empleamos la regla de la mano derecha para encontrar el vector resultante.

También podemos decir que el módulo de la fuerza magnética será:

$$\left\|\overrightarrow{F_m}\right\| = q.\|\vec{v}\|.\|\vec{B}\|.\operatorname{sen}\theta$$

Radio ciclotrónico o radio de Larmor

Una partícula inmersa en un campo magnético, experimenta una fuerza magnética, dada por la ley de Lorentz, que es en todo momento perpendicular a la velocidad de la misma. Si no actúan otras fuerzas, la partícula realizará un movimiento circular uniforme, y al igualar la fuerza magnética a la fuerza centrípeta, obtenemos la siguiente expresión para el radio de giro de la partícula:

$$R = \frac{mv}{qB}$$

El término ciclotrónico, se debe a que este dispositivo (el Ciclotrón), utiliza el radio de Larmor, en combinación con la fuerza eléctrica para acelerar partículas en un recinto circular. Las partículas en el interior de un ciclotrón pueden alcanzar velocidades muy cercanas a la velocidad de la luz.

Período y frecuencia ciclotrónica

El período de las partículas que se mueven en "órbita" por acción de un campo magnético, viene dado por la siguiente expresión:

$$T = \frac{2\pi m}{qB}$$

Como la frecuencia es el inverso del período, obtenemos la expresión:

$$f = \frac{1}{T} = \frac{qB}{2\pi m}$$

Que se denomina frecuencia ciclotrónica.

Fuerza magnética en un conductor de corriente

Un tramo de un conductor de corriente, puede considerarse como un conjunto de partículas que se mueven en el interior de un campo magnético y por lo tanto reciben una fuerza magnética. Al sumar todas las contribuciones de cada partícula obtenemos la expresión para la fuerza magnética de un conductor en el interior de un campo magnético:

$$\vec{F_m} = i.\vec{l} \times \vec{B}$$

Como vemos, la fuerza magnética es directamente proporcional a la longitud del conductor, a la intensidad que transporta, al campo magnético y al seno del ángulo entre el campo y la dirección del conductor.

Fuentes de campo magnético

Hemos trabajado con la interacción entre campos magnéticos y partículas o conductores, pero que tal si queremos producir nosotros un determinado campo magnético y controlar ciertas variables que nos permitan establecer un valor fijo para dicho campo y así poder realizar experimentos con él.

Cerca de 1820, Hans Christian Ørsted (1777 -1851), un profesor de Física Danés, demostró experimentalmente, que cerca de un conductor de corriente, se establecía un campo magnético, al observar que una brújula cambiaba su orientación cerca del mismo.

Ørsted publicó sus trabajos y André Marie Ampere (1775 - 1836) continuó investigando este fenómeno para establecer junto a Faraday los trabajos más exhaustivos sobre electromagnetismo que hicieron posible sentar las bases de la teoría electromagnética.

Ley de Biot – Savart

Si consideramos un conductor de forma arbitraria, es posible analizar el campo magnético que genera un elemento de corriente de dicho conductor en cierto punto del espacio.

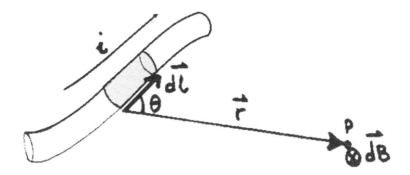

En la imagen se observa un elemento de un conductor por el cual circula una corriente i. Si tomamos un diferencial dl de ese conductor, y formamos un vector **i.dl**, podemos ver que dicho elemento, genera en el punto P, un diferencial de campo magnético, cuya dirección y sentido queda establecida por la regla de la mano derecha al considerar los vectores r y i.dl, y cuyo módulo viene dado por:

$$\overrightarrow{dB} = \frac{\mu_0}{4\pi} \frac{i.\overrightarrow{dl} \times \hat{r}}{r^2}$$

Generalmente, estudiamos conductores que presentan cierta simetría para lograr escribir la anterior expresión en términos más sencillos de resolver y encontrar el campo magnético total por integración directa.

Campo magnético de un anillo en su eje central

Un ejemplo de la aplicación de la anterior ecuación, es la deducción del campo magnético de un anillo de radio R, por el cual circula una corriente i, en su eje transversal, que llamaremos z.

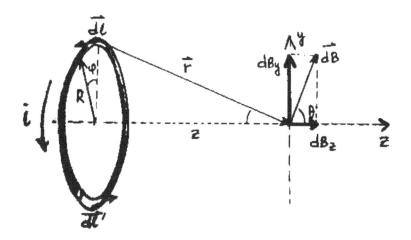

Como vemos en la figura, el radio del anillo es constante, también la distancia entre el elemento de conductor y el punto del eje z, en el que se quiere calcular el campo. Además todas las contribuciones perpendiculares al eje z, son nulas, pues para cada elemento dl, habrá un simétrico dl' opuesto que hará que la componente dB_y se anule. Finalmente obtenemos para la componente dB_z, la siguiente expresión:

$$\overrightarrow{dB_z} = \frac{\mu_0}{4\pi} \frac{i.R.d\varphi.\hat{z}}{R^2 + z^2} cos\theta$$

Observemos en el dibujo que se puede escribir el coseno en términos geométricos y hemos sustituido el producto vectorial por el resultado que depende solo del eje z. También hemos sustituido el elemento dl por su expresión geométrica de arco, $Rd\varphi$. Ahora sustituiremos el versor z por el versor k que es más apropiado, y reescribimos el coseno,

$$\overrightarrow{dB_z} = \frac{\mu_0}{4\pi} \frac{i.R.d\varphi.\hat{k}}{R^2 + z^2} \frac{R}{\sqrt{R^2 + z^2}}$$

Todos los parámetros son constantes a excepción del diferencial del ángulo obtenido a partir del desarrollo del elemento dl. Acomodamos un poco la expresión:

$$\overrightarrow{dB_z} = \frac{\mu_0}{4\pi} \frac{i.R^2.\hat{k}}{(R^2 + z^2)^{\frac{3}{2}}} d\varphi$$

233

Ahora debemos integrar respecto a este ángulo barriendo toda la circunferencia,

$$\overrightarrow{B_z} = \frac{\mu_0}{4\pi} \frac{i.R^2.\hat{k}}{(R^2 + z^2)^{\frac{3}{2}}} \int_0^{2\pi} d\varphi$$

Finalmente obtenemos el campo magnético en el eje del anillo:

$$\overrightarrow{B_z} = \frac{\mu_0 i.R^2.\hat{k}}{2(R^2 + z^2)^{\frac{3}{2}}}$$

Vale la pena analizar las situaciones límites, pero en particular interesa conocer el campo magnético en el centro del anillo, el cual es sencillamente:

$$\overrightarrow{B_z} = \frac{\mu_0 i.\hat{k}}{2R}$$

Si colocamos la mano con los dedos acompañando el sentido de la corriente, vemos que el pulgar, queda apuntando en dirección al campo magnético.

Campo magnético de una partícula en movimiento circular

Si consideramos una partícula cargada eléctricamente con movimiento circular uniforme, ésta sería análoga a una corriente eléctrica.

Utilizando la expresión final para el campo magnético en un anillo, en el centro del anillo y considerando que la intensidad se puede escribir en términos de q y el período que tarda en recorrer una vuelta, o bien de su velocidad tangencial:

$$i = \frac{\Delta q}{\Delta t} = \frac{q}{T} = \frac{q}{\frac{2\pi R}{v}}$$

Se obtiene así, la siguiente expresión para el campo magnético en el centro de una circunferencia por donde se mueve una partícula cargada eléctricamente:

$$\vec{B_z} = \frac{\mu_0 qv.\hat{k}}{4\pi R^2}$$

Circulación del campo magnético

Así como el flujo de campo magnético, computa la cantidad de líneas de campo que atraviesa cierta superficie, ahora definimos una magnitud que vincula un cierto campo magnético con una curva imaginaria que denominaremos, curva amperiana.

La circulación mide la tendencia de un campo (en este caso magnético) a "acompañar" una curva definida. Es decir, cuanto más tangente sea la curva en relación al campo, mayor será la circulación. Así por ejemplo, si un campo magnético forma bucles circulares, nos conviene elegir una curva circular, para que se acople bien al campo magnético y la circulación sea máxima.

La expresión más formal para la circulación del campo magnético, es la siguiente:

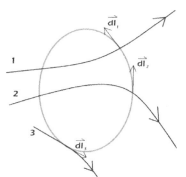

$$\mathcal{C}_B = \oint \vec{B}.\vec{dl}$$

Si la circulación es máxima y en condiciones de simetría, esta integral se reduce a:

$$\mathcal{C}_B = B.P$$

Donde P es el perímetro de la curva amperiana elegida.

En la imagen se pueden observar tres líneas de campo con diferentes contribuciones a la circulación: en (1) el producto escalar B.dl es mínimo (cero), en (2) es un valor intermedio y en (3) es máximo.

Ley de Ampere

Ampere, encontró que la circulación del campo magnético, era directamente proporcional a la intensidad encerrada por la curva amperiana. Podemos enunciar la ley de Ampere, de la siguiente manera:

$$C_B = \mu_0 \cdot i_{enc}$$

Conductor recto muy largo

Si consideramos un conductor muy largo, y aplicamos la ley de Ampere, obtenemos el campo magnético cierta distancia r del conductor:

$$B = \frac{k_m \cdot i}{r}$$

Al observar el cable desde arriba y considerando que la corriente puede ser entrante o saliente, podemos plantear la situación de la siguiente manera:

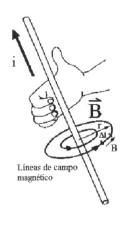

Líneas de campo magnético

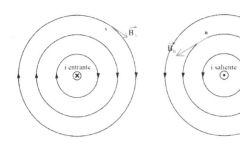

Bobina o solenoide

Una bobina (o solenoide), está compuesta por un conductor enrollado con N vueltas, de longitud L y por donde circula una corriente de intensidad i. Aplicando la ley de Ampere, se obtiene la siguiente expresión:

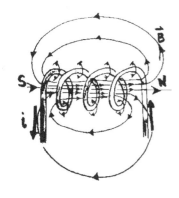

$$B = \frac{\mu_0 . N . i}{L}$$

Observemos que fuera de la bobina, las líneas de campo tienden a separarse mucho, haciendo que el campo magnético sea muy bajo, sin embargo en el interior, el campo magnético tiende a ser uniforme.

Toroide

Un toroide, es un conductor enrollado en un soporte con forma de dona o anillo. Este anillo, tendrá un radio interior y otro exterior, definiendo tres zonas claras respecto a una dirección radial que parta del centro del toroide. Si consideramos curvas amperianas que contemplen esas zonas, es posible demostrar que el campo magnético del toroide, viene dado por la siguiente expresión:

$$B = \begin{cases} \dfrac{k_m . N . i}{r}, & dentro\ del\ Toroide \\ 0, & fuera\ del\ Toroide \end{cases}$$

Para conocer la dirección y sentido del campo en el interior, basta considerar una curva concéntrica al toroide y dibujar el campo magnético tangente a la misma.

Gráficamente, podemos representar de forma muy amena, el campo magnético del toroide. Si llamamos a y b a los radios interior y exterior respectivamente, obtendremos la siguiente representación:

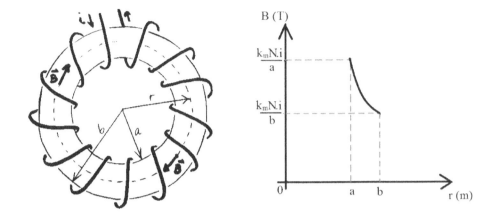

Conductor rectilíneo "grueso"

A diferencia del primer campo magnético estudiado (el del conductor infinitamente largo), consideremos ahora que el ancho del conductor no es despreciable. Si la densidad de corriente, es constante dentro del conductor, es posible establecer, que la intensidad será proporcional a la curva amperiana circular elegida.

Aplicando la ley de Ampere a una curva interior al conductor y a otra exterior, se obtiene la siguiente expresión:

$$B = \begin{cases} \dfrac{k_m \cdot i \cdot r}{R^2} & , si\ r < R \\ \dfrac{k_m \cdot i}{r}, & si\ r \geq R. \end{cases}$$

Como podemos observar, en la anterior expresión, fuera del conductor grueso, este se comporta de forma idéntica a un conductor de radio despreciable. Gráficamente, el campo magnético en función de la distancia se representa de la siguiente manera:

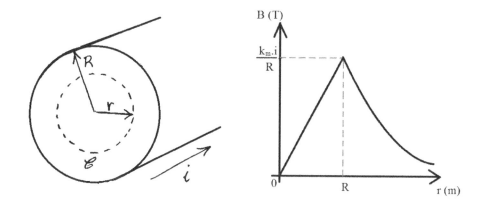

Ley de Faraday-Lenz

En 1831 Michael Faraday, estudiando la generación de campos magnéticos a través de la corriente eléctrica, trató de realizar el razonamiento inverso, es decir, trató de determinar si era posible generar corriente eléctrica a partir de un campo magnético.

Luego de un exhaustivo estudio, principalmente experimental, encontró que sí era posible, siempre que se dieran ciertas condiciones.

Faraday encontró que un flujo magnético variable, en el interior de un conductor, podía generar una fuerza electromotriz inducida, capaz de generar una corriente apreciable.

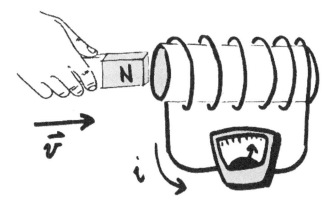

La ley de inducción de Faraday, establece principalmente, que la fuerza electromotriz inducida es directamente proporcional a la variación del flujo magnético por unidad de tiempo, matemáticamente:

$$\varepsilon_{ind} \propto \frac{\Delta \phi_B}{\Delta t}$$

Heinrich Lenz, dos años más tarde formalizó este resultado, incorporando el principio de conservación de la energía, deduciendo que el campo magnético inducido en un conductor, y por lo tanto la f.e.m. inducida, debía ser opuesto a la variación del flujo magnético que la producía. Así que podemos resumir ambos resultados, a través de la siguiente expresión general:

$$\varepsilon_{ind} = -\frac{\Delta \phi_B}{\Delta t}$$

La forma diferencial más formal que adopta esta ley es la siguiente:

$$\varepsilon_{ind} = -\frac{d \phi_B}{dt}$$

Ejemplos de f.e.m. inducida

1. F.e.m inducida en un anillo conductor

Si aplicamos la ley de Faraday – Lenz a un conductor de forma circular, en donde se establece una variación del flujo magnético en un intervalo de tiempo apreciable, obtenemos la siguiente expresión:

$$\varepsilon_{ind} = -\frac{\pi.\, R^2 \Delta B}{\Delta t}$$

Para un solenoide o bobina de N vueltas, solo basta multiplicar por el número de espiras:

$$\varepsilon_{ind} = -\frac{\pi.\, N.\, R^2 \Delta B}{\Delta t}$$

2. F.e.m inducida a partir de gráficos B=f(t)

Si analizamos el gráfico Campo magnético en función del tiempo y tenemos información sobre la geometría del conductor inmerso en el mismo, podemos calcular fácilmente la f.e.m inducida, de la siguiente forma:

$$\varepsilon_{ind} = -NA.Pendiente\ [B = f(t)]$$

Pues el cociente,

$$\frac{\Delta\phi_B}{\Delta t}$$

Es justamente la pendiente del gráfico multiplicado por número de vueltas y el área.

3. F.e.m. inducida a partir de derivación de la función B=f(t)

Para un solenoide de N vueltas y área A, podemos sacar constantes estos parámetros y derivar la función B=f(t) para obtener la f.e.m. inducida:

$$\varepsilon_{ind} = -N.A.\frac{dB}{dt}$$

4. F.e.m. de movimiento

Si consideramos una barra de longitud L que se mueve a velocidad constante en el interior de un campo magnético uniforme, podemos obtener una expresión para la f.e.m. inducida en la barra:

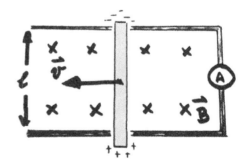

$$|\varepsilon| = B.l.v$$

Generador de corriente alterna

Como última aplicación de la ley de Faraday – Lenz, consideremos una bobina de N vueltas que gira con velocidad angular constante en el interior de un campo magnético uniforme. Como la superficie formará diversas orientaciones respecto al campo magnético a medida que la bobina gire, se puede deducir que la f.e.m. inducida en el generador es la siguiente:

$$\varepsilon = NBA\omega.\sin(\omega t)$$

Recordando que la frecuencia angular se puede escribir en términos de la frecuencia f, obtenemos:

$$\varepsilon = 2\pi f NBA.\sin(2\pi f t)$$

Gráficamente, este resultado se interpreta como una función sinusoidal periódica acotada entre los valores máximos de la f.e.m. inducida por el generador.

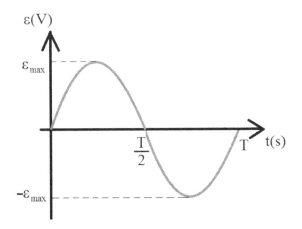

Es por eso que la corriente alterna tiene una determinada frecuencia y tensión eficaz. En algunos países como Uruguay 50Hz y 220V, en otros como Estados Unidos 60Hz y 110V. En la gráfica puede entenderse estos

242

valores máximos dados por la f.e.m máxima y el período. No obstante el voltaje o tensión eficaz se relaciona con el promedio por ciclo.

Usando el teorema del valor medio y promediando la función seno, es demostrable que la tensión o voltaje eficaz viene dada por la siguiente expresión:

$$V_{ef} = \frac{V_{max}}{\sqrt{2}}$$

Corriente de desplazamiento y ecuaciones de Maxwell

James Clerk Maxwell, realizó a mediados del siglo XIX una importante síntesis del electromagnetismo, que hoy se enseñan en los bachilleratos y universidades generalmente con 4 ecuaciones.

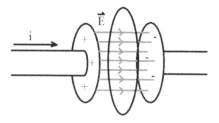

Sin embargo, Maxwell notó una asimetría en una de las ecuaciones, más precisamente en la ley de Ampere y se propuso analizarla, encontrando la famosa corrección a la ley de Ampere. El término implicado en esta corrección, se conoce como corriente de desplazamiento y es útil en situaciones en donde las cargas en movimiento a través de un cable, se sustituyen por campos eléctricos variables en el tiempo como por ejemplo en las cercanías de una antena, o en el interior de un condensador descargándose.

La expresión que dedujo Maxwell puede escribirse de la siguiente forma:

$$i_d = \varepsilon_0 \frac{d\phi_E}{dt}$$

Forma integral de las ecuaciones de Maxwell

La síntesis que logró Maxwell en su gran trabajo puede resumirse de la siguiente manera:

Ley de Gauss para el campo eléctrico

$$\oiint \vec{E}.\hat{n}.dA = \frac{q_{enc}}{\varepsilon_0}$$

Esta ley nos muestra que el flujo eléctrico a través de una superficie cerrada, es directamente proporcional a la carga encerrada por dicha superficie. Es muy útil para analizar situaciones en donde se desea conocer el campo eléctrico de un cuerpo extenso que presente un alto grado de simetría.

Ley de Gauss para el campo magnético

$$\oiint \vec{B}.\hat{n}.dA = 0$$

En esta ley se conoce el importante resultado de que el flujo de campo magnético a través de cualquier superficie cerrada es nulo. Como consecuencia podemos decir que no existen los monopolos magnéticos.

Ley de Ampere - Maxwell

$$\oint \vec{B}.\overrightarrow{dl} = \mu_0.(i_{enc} + i_d)$$

La circulación del campo magnético a lo largo de una curva cerrada es directamente proporcional a la corriente (de cargas o de desplazamiento) que atraviesan el área delimitada por dicha curva.

En otras palabras, cerca de un conductor de corriente con alta intensidad o cerca de una zona en donde exista una importante variación del campo eléctrico por unidad de tiempo, se establecerá un campo magnético proporcional a dichas magnitudes.

Ley de Faraday - Lenz

$$\oint \vec{E}.\overrightarrow{dl} = -\frac{d\phi_B}{dt}$$

La circulación del campo eléctrico a lo largo de una curva cerrada es directamente proporcional a la variación del flujo magnético por unidad de tiempo.

Es decir, una variación del flujo magnético en una zona del espacio, producirá un campo eléctrico variable inducido proporcional a dicha variación.

Inductancia

De la misma manera que los condensadores pueden almacenar energía en sus campos eléctricos interiores, existe una manera de almacenar energía en los campos magnéticos.

Una bobina o un toroide pueden almacenar energía en sus campos magnéticos cuando pasa una corriente a través de ellos. De esta forma es posible definir una magnitud análoga a la capacitancia, que permita estudiar los aspectos energéticos del magnetismo.

Definición de Inductancia

Se define como el cociente entre el flujo de campo magnético en una determinada superficie (no necesariamente cerrada) y la corriente eléctrica necesaria para lograr dicho flujo. Matemáticamente:

$$L = \frac{\phi_B}{i}$$

La anterior expresión nos permite estudiar la inductancia en términos geométricos para cada situación particular. Veamos algunas a continuación.

Inductancia de un solenoide

Si consideramos un solenoide o bobina de largo L, sección transversal A y N vueltas, entonces su inductancia viene dada por:

$$L = \frac{\mu_0 . N^2 . A}{L}$$

Inductancia de un toroide

Para un inductor con forma de toroide con N vueltas, cuyo radio medio es R y de sección transversal A, la inductancia es:

$$L = \frac{\mu_0 . N^2 . A}{2\pi R}$$

Inductancia de un cable coaxial

Para un cable coaxial extenso de radio interior a y radio exterior b, la inductancia viene dada por la siguiente expresión:

$$L = \frac{\mu_0}{2\pi} \ln \left(\frac{b}{a}\right)$$

Energía potencial magnética almacenada en un inductor

Para cualquier inductor de inductancia L, por donde pasa una corriente i, la energía potencial magnética se determina a partir de la siguiente expresión:

$$U_m = \frac{1}{2}Li^2$$

Densidad de energía magnética

Aún sin considerar un inductor, es posible realizar un análisis energético en problemas donde hay un campo magnético en cierto volumen del espacio. Se obtiene la expresión para la densidad de energía magnética asociada a un campo magnético B:

$$u_B = \frac{B^2}{2\mu_0}$$

Circuito LR (de corriente directa)

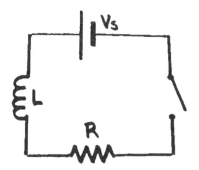

Si conectamos en serie un inductor a una resistencia y luego a una fuente que entregue una f.e.m. máxima Vs, se puede encontrar, a partir del análisis de las leyes de Kirchhoff, que la corriente eléctrica en función del tiempo viene dada por la siguiente expresión:

$$i = \frac{V_s}{R}\left(1 - e^{-t/\tau}\right)$$

Donde ahora la constante de tiempo (tau) depende del valor de R y L:

$$\tau = \frac{L}{R}$$

Más sobre corriente alterna

Ya habíamos encontrado en el análisis del generador de C.A., que la tensión o voltaje eficaz viene dada por la expresión:

$$V_{ef} = \frac{V_{max}}{\sqrt{2}}$$

De la misma forma, se demuestra que la intensidad de corriente toma un valor eficaz dado por:

$$i_{ef} = \frac{i_{max}}{\sqrt{2}}$$

Combinando las anteriores expresiones, se obtiene la potencia media:

Potencia media

$$\bar{P} = V_{ef} \cdot i_{ef}$$

Esta es la potencia que en general viene explicitada en los aparatos eléctricos.

Impedancia

Otra magnitud que nos permite analizar los circuitos de C.A. con más detalle y nos permite realizar importantes correcciones en proyectos eléctricos es la impedancia. Ahora que hemos definido la capacitancia C y la inductancia L, definimos la impedancia Z, de la siguiente manera:

$$Z = \sqrt{R^2 + \left(\omega L - \frac{1}{\omega C}\right)^2}$$

Donde debe considerarse la frecuencia angular (omega) a partir de la frecuencia de oscilación del circuito.

Los términos que contienen a la inductancia y la capacitancia son análogos a la resistencia que ofrecen en este caso el inductor y el capacitor del circuito y suelen conocerse como reactancia inductiva y capacitiva respectivamente.

Una estrategia de enseñanza revolucionaria: "Peer Instruction", con Eric Mazur

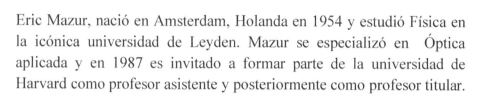

Decano del Área de Física Aplicada, Universidad de Harvard. Profesor Balkanski de Física Teórica y Aplicada. Vicepresidente de la Sociedad de Óptica.

Eric Mazur, nació en Amsterdam, Holanda en 1954 y estudió Física en la icónica universidad de Leyden. Mazur se especializó en Óptica aplicada y en 1987 es invitado a formar parte de la universidad de Harvard como profesor asistente y posteriormente como profesor titular.

En 1991 comenzó a diseñar una nueva estrategia para la enseñanza de la Física a nivel universitario, denominada "Peer Instruction" (Instrucción entre pares), que barre con el diseño tradicional de "lecturer" o expositor y permite al estudiante un rol más activo con el aprendizaje.

Sus investigaciones han constituido un gran aporte para el desarrollo de la enseñanza de la Física y nos ha honrado con sus respuestas a dos preguntas sobre su trabajo.

1. ¿Por qué crees que los profesores tienen que cambiar la forma tradicional de la enseñanza de la Física y probar nuevos métodos como los que has desarrollado?

La investigación ha demostrado que el método tradicional no funciona muy bien. Las ganancias de aprendizaje son muy bajas excepto para los mejores estudiantes que se convierten en profesores como tú y yo. Todo el mundo sale de los cursos de Física sin tener que aprender mucho. Utilizando el método de instrucción entre pares (Peer Instruction) con mi grupo (y muchos otros investigadores), hemos encontrado que los logros de aprendizaje se pueden triplicar (sí, así es, tres veces!). Esto se ha demostrado en una amplia gama de disciplinas, así como una gran diversidad de universidades y países.

2. ¿Cómo se puede definir en pocas palabras la "instrucción entre pares" (Peer Instruction), el revolucionario método de enseñanza que has desarrollado en Harvard?

La idea es que los estudiantes ayudan a abordar las dificultades conceptuales de los demás en la clase. Los instructores plantean una pregunta, los alumnos piensen en la pregunta, y luego se "comprometen" con una respuesta. En ese punto, deben buscar a alguien que tiene una respuesta diferente y tratar de convencer a esa persona que tienen razón.

Después de unos minutos, los estudiantes de nuevo seleccionan una respuesta y por lo general una porción significativamente más grande tiene la respuesta correcta. El instructor concluye con una explicación de la respuesta correcta y luego el ciclo se repite hasta que el tiempo de la clase ha terminado. Para más detalles, véase mi libro sobre la Instrucción entre pares, que ha sido traducido al español. ♣

Cinco actividades sobre electromagnetismo

1. Esferas tensas. Se dispone de dos esferas idénticas metálicas inicialmente neutras. Se frota una de ellas de forma que adquiere una carga Q. Luego se pone en contacto con otra esfera y se atan de un hilo aislante que soporta una tensión máxima T. Determine la longitud mínima del hilo para que soporte la repulsión entre las esferas.

2. Planos positivos. Representar gráficamente el campo eléctrico en función de la distancia, $E=f(x)$, para dos planos paralelos con densidades superficiales de carga idénticas positivas y separados una distancia d. Suponga que el eje x es perpendicular a los planos, y el origen se encuentra en el plano de la izquierda.

3. Capacitor lineal. Determine el potencial eléctrico y la capacitancia de una línea de longitud L con densidad de carga λ en función de la distancia radial r, suponiendo que $r \ll L$.

4. Combinatoria y Resistencias. ¿Cuántas combinaciones diferentes podemos armar con tres resistencias de valores R_1, R_2, R_3?

5. Inducción en una bobina. El campo magnético dentro de una bobina circular de 10cm de diámetro y 1000 vueltas, queda representado por la siguiente expresión:$B = B_0 . e^{-0,1t}$. Construir el gráfico $B = f(t)$ y $\varepsilon_i = f(t) \ \forall \ t$, sabiendo además que en t=0 la f.e.m inducida es 2,0V.

FÍSICA MODERNA

"Hay una fuerza motriz más poderosa que el vapor, la electricidad y la energía atómica: la voluntad."

Albert Einstein (1879 – 1955)

Física moderna I: Relatividad

¿Quién no ha escuchado el nombre de Albert Einstein por lo menos alguna vez al hablar de ciencia? Siempre me resultó curioso cómo casi el 99% de las personas a las que se les piden que nombren un científico, señalan a Einstein. Sin embargo muy pocos conocen cuál fue su trabajo más allá de mencionar la teoría de la relatividad sin entender muy bien de qué se trata.

Aún hoy, en mis clases de secundaria, los estudiantes me miran incrédulos cuando les menciono que algunas partículas viajan por el tiempo o que nosotros mismos podríamos hacerlo si dispusiéramos de la suficiente energía.

Parece demasiado increíble, pero ya se ha demostrado en los aceleradores de partículas, que la teoría de Einstein es correcta. Se han realizado cientos de experimentos para demostrar su validez e incluso nuestros GPS toman en cuenta correcciones relativistas para su correcto funcionamiento.

También me resulta triste ver, que muchos de mis estudiantes solo vinculan el nombre de Einstein con la bomba atómica. Si bien es cierto que parte de su trabajo, establece la posibilidad de convertir la materia en energía y liberar así un poder devastador, como el que presenció la humanidad en Hiroshima y Nagasaki, fue el uso que se le dio a este conocimiento el que debemos cuestionar y no al científico o su teoría en sí.

Es solo cuestión de tiempo y paciencia para que se logre por primera vez, transportar algo en el tiempo que resulte "interesante" para la humanidad, por lo menos hacia el futuro. Sin embargo, como veremos, la energía necesaria es realmente impresionante y hasta no avanzar técnica y científicamente en este aspecto, resultará por lo menos poco significativo hablar de viajes en el tiempo.

Veamos cual fue el notable aporte de Albert Einstein, definiendo un nuevo paradigma de la Física en la que se corrigen, nada más y nada menos que los cuatro aspectos fundamentales o pilares de esta disciplina que son: tiempo, espacio, masa y energía.

Postulados de Einstein de la relatividad especial

1. Las leyes de la física son invariantes en cualquier sistema de referencia inercial.
2. La velocidad de la luz toma el mismo valor en cualquier sistema de referencia inercial.

Sistema de referencia inercial: un marco de referencia en reposo o bien moviéndose a velocidad constante.

A partir de estos dos sencillos postulados, Einstein dedujo y dio significado a importantes resultados que modifican nuestra concepción del espacio y tiempo.

Dilatación del tiempo

Una de las consecuencias de que la velocidad de la luz sea invariante en cualquier sistema de referencia, es que el tiempo medido en diferentes sistemas, no es absoluto como pensaba Newton, sino que depende de la velocidad de un sistema de referencia respecto a otro.

$$\Delta t' = \frac{\Delta t_0}{\sqrt{1 - \frac{v^2}{c^2}}}$$

Factor de Lorentz – Fitzgerald

Observe el factor que involucra la raíz cuadrada en la anterior expresión. De manera independiente, los científicos Lorentz y Fitgerald en el análisis del movimiento de electrones a altas velocidad obtuvieron expresiones similares y no supieron interpretar correctamente su significado. El factor de Lorentz – Fitgerald o factor gamma, viene dado por la siguiente expresión:

$$\gamma = \frac{1}{\sqrt{1-\frac{v^2}{c^2}}}$$

Vale la pena estudiar el comportamiento de este factor para diferentes valores de v a medida que nos acercamos a la velocidad de la luz.

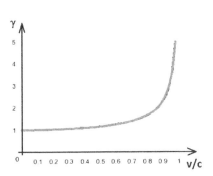

Usando el factor de Lorentz-Fitzgerald, la ecuación de dilatación del tiempo se expresa de la siguiente manera:

$$\Delta t' = \gamma . \Delta t_0$$

Estas expresiones nos indican que el tiempo pasa de forma diferente un sistema de referencia que se mueve a una velocidad v respecto a nosotros.

Si consideramos una nave que se mueve a una alta velocidad v respecto a la Tierra, los tripulantes registrarán un cierto intervalo de tiempo Δt_0.

Supongamos que ellos registran un tiempo de un año.

$$\Delta t_0 = 1 \ año$$

Y supongamos que la nave viaja a una velocidad del 99% de la velocidad de la luz, es decir:

$$v = 0,99 . c$$

Si calculamos el factor gamma, obtendremos:

$$\gamma = 7,1$$

Eso quiere decir que para nosotros aquí en la tierra, el intervalo de tiempo se dilata en ese mismo factor y por lo tanto pasan 7,1 años.

Si la nave regresa a la Tierra, al transcurrir ese intervalo de tiempo, los tripulantes habrán envejecido tan solo un año, mientras que para nosotros habrán transcurrido más de 7 años. Como conclusión, podemos decir que los tripulantes de la nave han viajado al futuro.

Aunque parece más una película de Hollywood con Doc y Marty McFly, esto se ha demostrado en los aceleradores de partículas utilizando partículas que tienen un tiempo de vida media determinado (en reposo) y que al acelerarlas a velocidades cercanas a la luz han demorado mucho más tiempo en desintegrarse.

Un claro ejemplo son los muones, partículas que se producen por el impacto de rayos cósmicos en nuestra atmósfera. Su tiempo de vida media, es muy pequeño (del orden de $2\mu s$), sin embargo, gracias a la dilatación del tiempo, logran "vivir" mucho más, lo suficiente para llegar a la superficie de la Tierra y ser detectadas.

Deducción de la ecuación de la dilatación del tiempo

Podemos servirnos de los postulados de Einstein y de la ecuación trigonométrica más famosa, conocida como teorema de Pitágoras, para encontrar la ecuación de la dilatación del tiempo.

Consideremos en primer lugar una nave que se mueve con velocidad constante v, equipada con un reloj de luz, el cual consiste en un rayo que sale desde el piso de la nave e impacta en un sensor ubicado en el techo, de forma que el rayo de luz sigue una línea recta de longitud L_0.

Un observador A se ubica en el interior de la nave y registra el tiempo que tarda el rayo en realizar el recorrido L_0, el cual considera como tiempo propio. Ya que la luz se mueve a velocidad constante podemos deducir que:

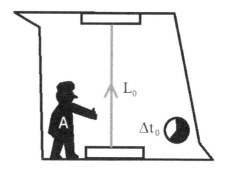

$$c = \frac{L_0}{\Delta t_0}$$

Será útil despejar la longitud L_0:

$$L_0 = c.\Delta t_0$$

Desde afuera de la nave, se ubica otro observador B, que observa cómo la nave se desplaza desde una posición inicial hasta otra final recorriendo cierto desplazamiento:

$$\Delta x = x_f - x_0$$

Este observador registra con su propio reloj el tiempo que demora en recorrer la nave dicho desplazamiento, mientras el rayo realiza el recorrido antes mencionado desde el piso hasta el techo.

Newton hubiese razonado que el intervalo de tiempo que mide el observador B y el observador A sería el mismo es decir:

$$\Delta t' = \Delta t_0$$

Sin embargo esto es incorrecto a la luz de los nuevos postulados de Einstein. Tratemos de establecer una relación entre estos intervalos de tiempo.

Observemos entonces la figura que se forma, vista por el observador B, si consideramos el recorrido del rayo de luz y el desplazamiento de la nave:

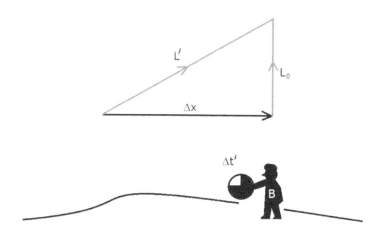

Como vemos, se forma un triángulo rectángulo cuyos catetos son, el desplazamiento de la nave y la distancia entre el piso y el techo que ya habíamos definido previamente. La hipotenusa del triángulo es el recorrido del rayo de luz mientras la nave avanza.

Aplicando el teorema de Pitágoras vemos que:

$$L'^2 = L_0^2 + \Delta x^2$$

Ahora sustituimos cada distancia empleando los datos de las velocidades que correspondan, en el caso de L', esta se relaciona con la velocidad de la luz y el intervalo de tiempo que mide el observador B, y para el desplazamiento de la nave, se vincula con su velocidad y el tiempo que mide nuevamente B:

$$(c.\Delta t')^2 = (c.\Delta t_0)^2 + (v.\Delta t')^2$$

Desarrollamos los cuadrados y tratamos de establecer una relación entre ambos intervalos de tiempo:

$$c^2 . \Delta t'^2 = c^2 . \Delta t_0{}^2 + v^2 . \Delta t'^2$$

Continuamos despejando hasta obtener una expresión para el tiempo impropio, que registra el observador B:

$$\Delta t'^2 (c^2 - v^2) = c^2 . \Delta t_0{}^2$$

$$\Delta t'^2 \frac{(c^2 - v^2)}{c^2} = \Delta t_0{}^2$$

$$\Delta t'^2 \left(1 - \frac{v^2}{c^2}\right) = \Delta t_0{}^2$$

Sacando la raíz cuadrada en cada término,

$$\sqrt{\Delta t'^2 \left(1 - \frac{v^2}{c^2}\right)} = \sqrt{\Delta t_0{}^2}$$

$$\Delta t' \sqrt{\left(1 - \frac{v^2}{c^2}\right)} = \Delta t_0$$

Solo resta despejar el tiempo impropio y obtenemos la ecuación de la dilatación del tiempo:

$$\Delta t' = \frac{\Delta t_0}{\sqrt{\left(1 - \frac{v^2}{c^2}\right)}}$$

En lo personal, la considero la ecuación más hermosa de la Física.

Contracción de la longitud

También el espacio se ve afectado a velocidades relativistas. Si denominamos L_0 a la distancia (o longitud) entre dos puntos en un sistema de referencia al que llamaremos propio, y L' a la misma distancia entre los puntos pero en un sistema de referencia inercial ajeno a nosotros y que denominaremos impropio, entonces la longitud sufre una contracción dada por la siguiente expresión:

$$L' = \frac{L_0}{\gamma}$$

Si pudiéramos observar un objeto que se mueve a cierta velocidad v respecto a nosotros, entonces siempre lo veremos más "angosto" de lo que en realidad es (en la dirección de movimiento).

Esto se aplica también a la distancia entre dos cuerpos en el espacio. Si viajamos a un planeta extrasolar que se encuentra a una distancia de 30 años-luz (en nuestro sistema de referencia), para una nave que se mueva a una velocidad cercana a la luz, esa distancia será mucho más corta.

Por ejemplo para el caso anterior, si la nave viaja al 99% de la velocidad de la luz, la distancia entre nuestro planeta y el planeta extrasolar será tan solo de L'=4,2 años-luz. Lo cual quiere decir que esos tripulantes podrán realizar un viaje de ida y vuelta en aproximadamente 9 años, mientras que para nosotros (en la Tierra) pasarán más de 60 años!

En la película "Interstellar",interpretada por Matthew McConaughey, se retrata de manera excelente este concepto.

Dilatación de la masa

La masa tampoco es ajena a la dilatación relativista, entendiéndose aquí por masa inercial a la que es afectada por las velocidades relativistas. La masa inercial, es la oposición o resistencia que presenta un cuerpo a acelerar cuando es afectado por una fuerza. Así, cuando un cuerpo alcanza velocidades muy altas, presenta una resistencia cada vez mayor a acelerar ya que su masa tiende a un valor infinito a velocidades cercanas a la luz, es por eso que resulta imposible que alcance dicha velocidad.

Para un cuerpo de masa m_0 en reposo, la masa relativista m' viene dada por la siguiente expresión:

$$m' = \gamma . m_0$$

Energía relativista

Por último analizaremos las expresiones para la energía de un cuerpo a la luz de las correcciones relativistas.

La deducción de la energía cinética, puede realizarse a partir del teorema trabajo – energía discutido en el curso de mecánica clásica, e incorporando la masa relativista al análisis.

Energía relativista en reposo

Un cuerpo en reposo de masa m_0, tiene una energía relativista dada por la siguiente expresión, que por otra parte es posiblemente la ecuación más famosa del mundo:

$$E_0 = m_0 . c^2$$

Conversión Masa - Energía

Cuando en un proceso de fusión o fisión nuclear, existe un defecto de masa entre los reactivos iniciales y los productos finales, debemos considerar que parte de la masa se ha transformado en energía y suele calcularse a partir de la siguiente expresión, análoga a la anterior:

$$\Delta E_0 = \Delta m_0 . c^2$$

Esta anterior expresión, fue la que se utilizó para determinar la cantidad de material fisionable para construir bombas atómicas o bien para calcular la energía liberada por un reactor nuclear.

Energía total relativista

La energía total de un cuerpo en movimiento a velocidad v, se determina a partir de la siguiente expresión.

$$E_{tot} = m'.c^2 = \gamma.m_0.c^2$$

Las dos expresiones anteriores se obtienen a partir de la próxima expresión:

Energía cinética relativista

Aplicando el teorema trabajo – energía cinética, se puede deducir la siguiente expresión para la energía cinética de un cuerpo a velocidades relativistas.

$$K = m_0.c^2(\gamma - 1)$$

El lector puede comprobar que a velocidades bajas, es decir, cuando:

$$v \ll c$$

Puede utilizarse el desarrollo de Taylor y McLaurin y deducirse la expresión clásica para la energía cinética:

$$K = \frac{m_0.v^2}{2}$$

Física Moderna II: Física Cuántica

Cada día más personas se interesan por la Física Cuántica. Genera tanta expectativa y da pie a tantas interpretaciones, que puede atribuírsele fácilmente desde el desarrollo de todos los dispositivos electrónicos modernos hasta la explicación de algunos fenómenos más esotéricos y espirituales en particular vinculados a la conciencia.

Daremos un enfoque introductorio de las principales ideas subyacentes a la física cuántica, sus orígenes y lo que podríamos denominar: Física Cuántica Clásica, que abarca desde las últimas décadas del siglo XIX hasta las primeras décadas del siglo XX.

Podríamos decir someramente, que la Física Cuántica estudia los sistemas en donde se manifiesta la naturaleza discreta de la materia y la energía. De hecho la denominación "cuántica" proviene de "cuanto" o "paquete", que es una cantidad unitaria por ejemplo de Energía.

No obstante, otras magnitudes también están cuantizadas, como por ejemplo la carga eléctrica, lo que implica que existe una mínima unidad o quantum. En el caso de la energía, todos los valores que puede tomar un sistema son necesariamente un múltiplo entero de dicho quantum.

Max Planck, quien desarrolló por primera vez la idea de la cuantización de la energía, seguramente nunca imaginó todas las implicaciones que iba a tener una idea tan simple. Todo comenzó con el estudio de la radiación térmica.

Radiación del cuerpo negro

Seguramente todos hemos presenciado alguna vez, el matiz rojizo-anaranjado que toma un metal al calentarlo. También habremos notado que conforme la temperatura aumenta, el color pasa a amarillo pálido y luego tiende a blancuzco, además la luz emitida se hace mucho más intensa.

Las lamparitas incandescentes, son un claro ejemplo. Al pasar una corriente eléctrica por un filamento muy fino, la fricción entre los electrones es tan intensa que se emiten grandes cantidades de luz y calor.

Las estrellas por su parte pueden considerarse cuerpos que emiten energía en forma de radiación electromagnética y esta puede abarcar un espectro bastante amplio de frecuencias. Nuestro Sol por ejemplo, emite luz visible, pero también radiación infrarroja y rayos ultravioletas, incluso rayos X.

La siguiente imagen del Sol fue obtenida utilizando un telescopio de rayos X.

Un sistema que puede considerarse para estudiar la radiación emitida por un cuerpo, es una cavidad con una pequeña abertura en donde penetre una pequeña cantidad de radiación y se prácticamente improbable que se escape.

Entonces sus paredes absorberán la energía de esta radiación y el cuerpo reemitirá esta energía.

Tal sistema es denominado "Cuerpo Negro".

Kirchhoff, introdujo en 1862 el término "Cuerpo Negro" para estudiar la radiación electromagnética de los cuerpos, apenas unos años después de que Maxwell predijera su existencia a partir de la síntesis del electromagnetismo. No obstante, él estaba estudiando las propiedades de absorción y reflexión de las superficies oscuras, claras y brillantes.

Se consideró que como la radiación estaba compuesta por ondas, podría estar compuesta por pequeños osciladores lo que derivó en la teoría de Planck de la radiación del cuerpo negro. Pero veamos antes algunas leyes que se establecieron para estudiar este sistema que permitió avanzar notablemente en el estudio de la Astronomía.

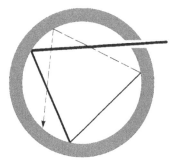

Ley de Stefan-Boltzmann

En 1879, año de nacimiento de Albert Einstein, el físico austríaco Jozef Stefan dedujo a partir de la experimentación que la intensidad emitida por un cuerpo que irradiaba calor o cualquier tipo de energía, era proporcional a la cuarta potencia de la temperatura es decir:

$$I = \sigma . T^4$$

En 1884, Ludwig Boltzmann derivó la misma relación a partir de consideraciones termodinámicas ideales.

Con esta relación se pudo determinar por primera vez, la temperatura de la superficie del sol que es de unos 5780K, así como la temperatura de la Tierra que sería (sin tomar en cuenta el efecto invernadero) de unos 278K, es decir unos 5°C, lo cual es coherente con nuestro rango de temperaturas. Si consideramos el efecto invernadero, podremos inferir porqué en verdad la temperatura promedio es un poco mayor, situándose en los 15°C (al año 2015).

Ley de Wien

En 1893 el físico alemán Wilhelm Wien, consideró que los sistemas que radiaban energía eran adiabáticos y dedujo a partir de la termodinámica otra relación que vinculaba en este caso, la longitud de onda emitida por un radiador ideal y la temperatura del mismo. Matemáticamente, podemos expresar esta ley de la siguiente manera:

$$\lambda_{max} = \frac{2,9 \times 10^{-3} mK}{T}$$

Es decir, la longitud de onda, para la cual la intensidad es máxima, emitida por un cuerpo ideal radiante, es inversamente proporcional a su temperatura absoluta.

Gráficamente, podemos visualizarlo de la siguiente manera:

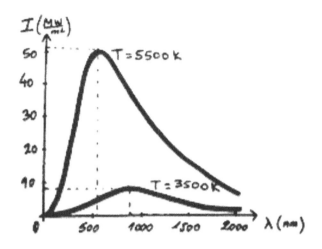

Las curvas representan la intensidad emitida por un cuerpo radiante ideal (cuerpo negro) en función de la longitud de onda para diferentes temperaturas de dicho cuerpo.

Observemos que a mayor temperatura, menor será la longitud de onda emitida y por lo tanto, mayor será la frecuencia de la radiación. El Sol por ejemplo emite su longitud de onda máxima en el espectro de luz visible, mientras que el cuerpo humano, emite en el infrarrojo, lo cual se observa en la siguiente imagen.

La imagen se colorea para dar una idea de las zonas más frías y calientes. ¿Puede darse cuenta el lector, la escala de temperatura utilizada por los científicos de la NASA?

Quantum de Energía

Max Planck, estudiaba en el año 1900 la emisión de los "cuerpos negros" ideales y observó una contradicción entre lo predicho por la teoría clásica y lo que ocurría realmente.

Él observó, que según la teoría clásica, expresada en la Ley de Rayleigh-Jeans, los cuerpos debían irradiar más intensamente cuanto mayor la frecuencia para una misma temperatura. Si esto era verdad los cuerpos no podían emitir picos de longitud de onda máxima como expresa la ley de Wien, sino que se emitirían intensidades enormes de longitudes de onda pequeñas como expresa el siguiente gráfico:

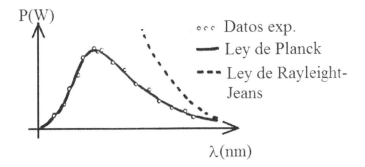

Como la ley clásica se ajustaba bastante bien para longitudes de onda infrarrojas pero no para ondas ultravioletas o de mayor frecuencia. Se denominó a esta discrepancia con el término "Catástrofe Ultravioleta".

Planck, en su intento de "confeccionar" una ley que se ajustara mejor a los datos experimentales, supuso que en una cavidad radiante (cuerpo negro) se emitía radiación en forma de paquetes o cuantos de determinada frecuencia. La energía de dicho cuanto, era proporcional a su frecuencia, es decir:

$$E_f = h.f$$

Incorporando esta nueva hipótesis, que él mismo dudó en publicar, se pudo explicar de forma satisfactoria la curva de la potencia y la intensidad irradiada por un cuerpo negro para diferentes temperaturas.

Efecto fotoeléctrico

Heinrich Hertz, observó en 1887 que cuando incidía luz ultravioleta sobre un cuerpo cargado eléctricamente, éste se descargaba más fácilmente produciendo arcos voltaicos a distancias mayores. Esto hacía suponer que la luz podía incidir en la producción de cargas eléctricas en ciertos metales y se denominó a este fenómeno **efecto fotoeléctrico**.

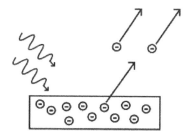

No fue hasta 1905, que el notable **Albert Einstein** dio una explicación satisfactoria de este fenómeno incorporando la teoría cuántica desarrollada por Planck unos años atrás.

El supuso, que la luz estaba compuesta por cuantos, es decir pequeños paquetes de energía, lo que hacía suponer una vuelta a la teoría corpuscular de Newton y lo que suscitó una gran controversia en particular por el científico Robert Millikan.

Este último, intentó sin éxito demostrar que la teoría de Einstein sobre los cuantos de luz, más tarde bautizados como **fotones**no podían existir. Esto le valió al final de importantes contribuciones a la teoría de Einstein lo que le permitió, irónicamente, obtener el premio Nobel en 1923 por sus aportes a la teoría fotoeléctrica.

En primer lugar, consideremos la relación entre la frecuencia y la longitud de onda, válida para cualquier onda. En el caso de la luz:

$$f = \frac{c}{\lambda}$$

Ecuación de Einstein para el efecto fotoeléctrico

Einstein, derivó una ecuación para relacionar la energía cinética de los electrones emitidos, a partir de la energía de los fotones y el trabajo de extracción necesaria para iniciar dicho proceso.

La energía cinética es igual a la energía del fotón menos el trabajo de extracción:

$$K = E_f - \phi$$

Frecuencia y longitud de onda umbral

Si consideramos el límite en el cual la energía cinética es cero, podremos calcular fácilmente la frecuencia y longitud de onda umbral para el efecto fotoeléctrico.

Frecuencia Umbral:

$$f_t = \frac{\phi}{h}$$

Longitud de onda umbral:

$$\lambda_t = \frac{c}{f_t}$$

Trabajo de extracción o "función trabajo" para distintos materiales

La energía necesaria para iniciar el efecto fotoeléctrico, se conoce como función trabajo o trabajo de extracción, y es característica de cada material. Sin dudas, esta depende de la energía necesaria para extraer electrones de la red cristalina del metal, lo cual en algunos casos requiere mucha energía, al formar redes más compactas y estables.

La siguiente tabla, expresa los valores del trabajo de extracción para algunos metales.

Metal	Trabajo de extracción (eV)
Li	2.9
Na	2.4
K	2.3
Cs	1.9
Ba	2.5
Ca	2.9
Nb	2.3
Zr	4.05
Mg	3.66
Al	4.2
Cu	4.6
Ag	4.64
Zn	3.6
Sc	3.5

Como ejemplo trataremos de determinar si luz verde de 500nm, puede extraer electrones de una placa de Cesio.

En primer lugar calcularemos la energía de los fotones que ingresan a la placa. Según la ecuación de Planck,

$$E_f = h.f = \frac{h.c}{\lambda} = \frac{4,14 \times 10^{-15}eV.s.\, 3,0 \times 10^8 m/s}{500 \times 10^{-9}m}$$

$$E_f = 2,5eV$$

Como podemos ver en la tabla, el trabajo de extracción del Cesio es menor que la energía de los fotones. Así que ocurre el efecto fotoeléctrico y podríamos ir un poco más allá y calcular la energía cinética (K) que tienen los electrones liberados,

$$K = E_f - \phi = 2,5eV - 1,9eV = 0,6eV$$

Lo que nos indica que los electrones salen con una velocidad de unos 459000m/s. Si bien aún podemos usar la expresión clásica para la energía cinética. Estamos rozando las velocidades relativistas.

Átomo de Hidrógeno de Bohr

Desde la época de Demócrito en la antigua Grecia, cerca del siglo IV a.C, los modelos atómicos fueron evolucionando para dar respuesta a los fenómenos que se iban suscitando en la naturaleza.

Así por ejemplo, el modelo de Dalton, pudo dar respuesta a los diferentes elementos presentes en la naturaleza. El modelo de Thompson, explicaba satisfactoriamente los fenómenos eléctricos e incorporaba una nueva partícula descubierta: los electrones.

En el modelo atómico de Rutherford se proponía la existencia de un núcleo positivo, que concentraba la mayor parte de la masa del átomo, como respuesta a los increíbles fenómenos de repulsión utilizando partículas "proyectiles" positivas, sobre láminas delgadas de oro que "rebotaban" de manera inusual.

Así llegamos a los modelos de Bohr y finalmente de Schrödinger, que incorporan la teoría cuántica para dar explicación a otros fenómenos como la emisión de luz y su absorción.

Discutiremos el modelo de Bohr y las hipótesis que formuló para dar una explicación satisfactoria de la estructura atómica en concordancia con la teoría cuántica, uno de los aportes más notables a la comprensión de nuestro universo, lo que le valió al gran físico Danés, el premio Nobel de Física de 1922.

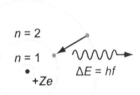

Primer postulado de Bohr

Los electrones, solo pueden describir órbitas circularesalrededor del núcleo,sin emitir radiación.

El radio puede calcularse igualando la fuerza centrípeta a la fuerza eléctrica entre el electrón y el protón:

$$R = k.\frac{Ze^2}{m_e.v^2}$$

Energía total del sistema electrón – protón:

$$E = -\frac{1}{2}\frac{kZe^2}{r}$$

Segundo postulado de Bohr

Solo están permitidas ciertas órbitas alrededor del núcleo. Las órbitas permitidas, poseen un momento angular dado por:

$$L = \frac{nh}{2\pi}$$

Como vemos, el momento angular está cuantizado, y es aquí donde se incorpora la teoría cuántica.

Radio permitido

$$r_n = \frac{n^2 h^2}{4\pi^2 k m_e Z e^2}$$

Radio de Bohr

Si consideramos el átomo de hidrógeno, y el primer nivel de energía:

$$a_0 = \frac{h^2}{4\pi^2 k m_e e^2} = 0,52 \ \text{Å}$$

Donde se expresa el radio en Amstrongs.

Tercer postulado de Bohr

La energía emitida o absorbida por un electrón a partir de fotones, está cuantizada y puede expresarse de la siguiente manera:

$$E_\gamma = E_{nf} - E_{ni}$$

Donde la energía de cada nivel, viene dada por:

$$E_n = \left(\frac{Z}{n}\right)^2 E_0$$

La energía fundamental o estado basal se puede calcular fácilmente:

$$E = -\frac{1}{2} \frac{4\pi^2 k^2 m_e e^4}{h^2} = -13,6 \ eV$$

Ondas de Materia de De Broglie

En 1924, el duque Luis de Broglie, presentó como tesis de su doctorado de Física, la dualidad onda – corpúsculo para los electrones. Años más tarde, su hipótesis de que lo era considerado exclusivamente como partículas, sería confirmada por los científicos Davisson y Germer al lograr difractar electrones a través de un cristal.

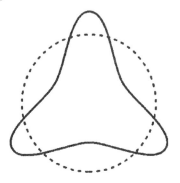

En la hipótesis de De Broglie, se deduce que la longitud de onda asociada a una partícula debía ser función de su cantidad de movimiento, es decir:

$$\lambda = \frac{h}{p} = \frac{h}{mv}$$

Esto explica, por ejemplo, que los electrones pueden representarse como una onda estacionaria alrededor del núcleo atómico para estudiar algunas de sus propiedades, lo cual es coherente con el modelo de Bohr.

EfectoCompton

Arthur Compton, estudiaba en 1923 la naturaleza corpuscular de la luz y dio una satisfactoria explicación, al hecho de que los fotones en general experimentaban una dispersión al interactuar con los electrones. Los fotones dispersados, mostraban un aumento en su longitud de onda, o disminución de su frecuencia, como producto de la interacción.

Compton, dedujo matemáticamente, y usando la conservación de la cantidad de movimiento, que la variación de la longitud de onda era proporcional al ángulo de dispersión e inversamente proporcional a la masa del electrón, es decir:

$$\lambda' - \lambda = \frac{h}{m_e c}(1 - \cos\theta)$$

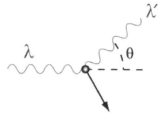

Se ha demostrado además que puede ocurrir el efecto inverso, en el cual los fotones ganan energía, cuando la velocidad de los electrones es suficientemente grande, lo que explica entre otras cosas, la producción de rayos X por parte de algunas estrellas y quásares.

Principio de Incertidumbre

Tal vez, hemos escuchado la célebre frase de Einstein: "Dios, no juega a los dados". Se cuenta que Albert Einstein, durante la conferencia de Solvay de 1927, le increpó con esta frase a Werner Heisenberg, creador del principio de Incertidumbre, ya que incorporaba elementos probabilísticos a la teoría cuántica, lo cual no fue bien acogido por Einstein, por lo menos al principio. De todas formas, el respeto entre los dos científicos era enorme, Heisenberg consideraba a Einstein como uno de sus ídolos y este último, nominó a Heisenberg como uno de los científicos más prometedores y merecedor del premio Nobel, reconocimiento que obtuvo en 1932.

En su trabajo de 1927, Heisenberg dedujo que no era posible conocer con precisión absoluta la posición y la velocidad (o cantidad de movimiento) de una partícula, sino que el producto de la incertidumbre en estas dos magnitudes debía ser mayor a una constante vinculada a la constante de Planck. Heisenberg, dedujo la siguiente expresión:

$$\Delta x . \Delta p \geq \frac{h}{4\pi}$$

Al incorporar el principio de incertidumbre a la teoría atómica, fue posible entender numerosos fenómenos, como por ejemplo la correcta distribución de los electrones en torno al núcleo, lo que dio origen al término "orbital", como zona donde la probabilidad de encontrar un electrón es mayor.

Física Nuclear

El estudio del núcleo atómico, trajo consigo importantes avances en la ciencia, en particular la comprensión de los fenómenos radiactivos. Estudiaremos en qué consiste cada fenómeno radiactivo y las ecuaciones nucleares correspondientes.

Decaimiento Alfa

Decimos que un núcleo, emite una partícula Alfa, cuando se libera un núcleo de Helio doblemente ionizado, esto es, sin sus electrones. La partícula Alfa, puede alcanzar velocidades del orden del 10% de la luz. Son partículas muy ionizantes, ya que tienen carga +2e y las de mayor masa.Debido a su enorme interacción con las partículas del medio, son las menos penetrantes y pueden ser detenidas con un trozo de papel.

La ecuación nuclear que representa esta emisión, es la siguiente:

$$\ _{Z}^{A}X \ \rightarrow \ _{2}^{4}He + _{Z-2}^{A-4}Y$$

Observemos que un núcleo X, de número másico A y número atómico Z, al emitir una partícula alfa, decae en un núcleo Y, de número másico A − 4 y número atómico Z − 2.

Decaimiento Beta

En este proceso, un electrón es liberado a partir de la transformación de un neutrón en un protón y un electrón. Como vemos, se continúa conservando la carga.

276

Al incorporarse un protón al núcleo, éste aumenta su número atómico lo que conlleva un cambio en el elemento al igual que en el decaimiento alfa.

Los electrones emitidos constituyen las partículas beta y son muy penetrantes, un poco menos ionizantes que las alfa. Es necesario una capa de aluminio para detenerlas, lo que las hace muy nocivas para cualquier organismo vivo.

Para escribir la ecuación nuclear observemos que dado un elemento X con número atómico Z y número másico A, emite un electrón y el núcleo se transmuta al de un elemento Y con número atómico Z+1 y de igual número másico A.

No obstante, el principio de conservación de la energía, requiere que en este proceso se genere otra partícula, denominada antineutrino.

La reacción se expresa de la siguiente manera:

$$_Z^A X \rightarrow _{Z+1}^A Y + e^- + \bar{\nu}_e$$

Este es un gran avance en su comprensión sobre la física de partículas. Si observa la ecuación, usted está trabajando con partículas que decaen y liberan otras, algunas muy difíciles de detectar como el antineutrino electrónico.

Emisión Gamma

Muchos núcleos atómicos, luego de alguna emisión alfa o beta, quedan inestables o en un estado de energía que denominamos "excitado".

En estas condiciones, el núcleo suele estabilizarse liberando un fotón (radiación electromagnética) de muy alta frecuencia. Denominamos a estos fotones de máxima frecuencia: partículas gamma o radiación gamma.

Son partículas neutras y por lo tanto no ionizantes, pero su poder penetrante es máximo y pueden ocasionar rupturas a nivel molecular, por ejemplo del ADN o ARN, provocando así mutaciones riesgosas para cualquier organismo vivo.

En este proceso, un núcleo X excitado el cual se representa con un asterisco X*, libera un fotón gamma y se estabiliza:

$$_Z^A X^* \rightarrow _Z^A X + \gamma$$

Fisión Nuclear

Muchos núcleos pesados, es decir con números atómicos y másicos altos, se vuelven tan inestables, que naturalmente se dividen o fisionan en búsqueda de una estabilidad mayor. Otras veces, ese proceso puede ser iniciado por la incorporación de un neutrón, inicialmente libre, al núcleo pesado volviéndolo más inestable aún.

En dicho proceso, un núcleo pesado, se fisiona generalmente en dos núcleos con números atómicos menores, liberándose además partículas alfa y neutrones libres, que a su vez pueden iniciar nuevas reacciones de fisión.

Cuando los neutrones libres, encuentran nuevos núcleos para fisionar, denominamos a este evento, una reacción en cadena, y es el germen de la producción de energía nuclear o las bombas atómicas, pues si el material fisionable es lo suficientemente grande, la energía liberada es enorme.

Veamos un ejemplo de la fisión nuclear a través de una imagen y tomando en este caso al Uranio – 235.

Fisión del Uranio - 235

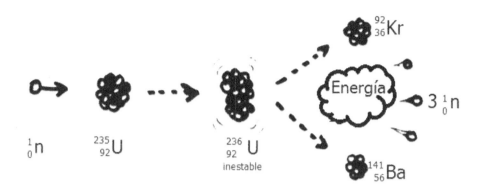

La correspondiente ecuación nuclear queda escrita de la siguiente manera:

$$^{235}_{92}U + ^{1}_{0}n \rightarrow ^{92}_{36}Kr + ^{141}_{56}Ba + 3\,^{1}_{0}n$$

Si somos cautelosos, podemos advertir que aun sumando todas las masas de los productos obtenidos, es decir los núcleos de Kriptón, Bario y los tres neutrones y aun igualando los números A y Z, obtendremos un defecto de masa que en principio puede resultar pequeño, pero si el material fisionable es suficiente, la energía aumenta en grandes proporciones.

Einstein había propuesto la conversión masa-Energía y es a partir de allí que los científicos creadores de la bomba atómica pudieron predecir el enorme efecto de devastación del artefacto.

Einstein, sintiéndose muy culpable de que su teoría fuera usada para causar semejante destrucción, abogó incansablemente por la paz mundial, y puede verse en muchas fotografías de la época, un rostro entristecido por el uso de su teoría para el desarrollo de la bomba atómica.

Fusión nuclear

Así como los núcleos pesados pueden separarse en núcleos más livianos mediante el proceso de fisión nuclear, existe en ciertas condiciones el fenómeno opuesto.

Cuando la energía del entorno es lo suficientemente alta, como por ejemplo en el interior de una estrella, donde la temperatura es extremadamente alta, los núcleos atómicos de elementos livianos como el hidrógeno o helio, se fusionan para formar elementos más pesados como el oxígeno o el nitrógeno.

Es así, que mediante la nucleosíntesis, se han formado la mayoría de los elementos que existen en nuestro universo.

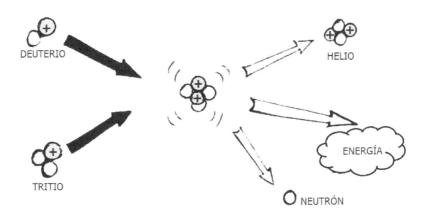

Vemos en la imagen, un ejemplo donde dos isótopos del hidrógeno: deuterio y tritio, formados por un protón y un neutrón, y por un protón y dos neutrones respectivamente, se fusionan y dan lugar a Helio más un neutrón.

Este proceso es extremadamente energético y la energía liberada es la responsable, entre otras cosas, de que la Tierra no se congele gracias a la luz y calor que recibimos de nuestro Sol.

Los científicos, han tratado de reproducir a menor escala la fusión "en frío" en nuestro planeta y aún quedan muchos desafíos para lograrlo de manera estable y eficiente, pero lograrlo, supondrá un avance radical en nuestro acervo energético y un paso adelante en nuestra categorización como civilización, tal como propone el científico Michio Kaku.

La correspondiente ecuación nuclear para el proceso anterior es la siguiente:

$$_1^2H + \, _1^3H \rightarrow \, _2^4He + \, _0^1n + \gamma$$

Partículas fundamentales y modelo Standard

A medida que va avanzando la ciencia y se van comprendiendo nuevos fenómenos, es necesario revisar los modelos que describen las interacciones físicas y la materia.

Al principio, cuando aún se dudaba, si el modelo atómico de Demócrito y Leucipo era válido, solo bastaba imaginar a dicho átomo como un pequeño ladrillito que suponía el bloque fundamental de toda la materia.

Con Dalton, se introdujo la noción de que esos átomos debían tener diferentes tamaños y propiedades para dar lugar a los diferentes elementos que componían el universo.

En 1899, Thompson descubre una nueva partícula que parecía no constituir un átomo en sí, sino formar parte de dicho átomo… Se había descubierto el electrón.

Thompson elabora así un nuevo modelo atómico, donde el átomo ya no era "indivisible" como su nombre lo indicaba sino que poseía una estructura interna, en donde estos nuevos electrones, tenían su lugar.

El descubrimiento del núcleo atómico por parte de Rutherford, la elaboración del nuevo modelo atómico de Bohr, el descubrimiento del neutrón por Chadwick, entre otros tantos descubrimientos, hicieron que se revisara una y otra vez el modelo atómico que iba incorporando distintas partículas.

El estudio de las partículas subatómicas, llevó al descubrimiento de un universo microscópico impresionante, en donde surgieron más y más partículas que fueron descubriéndose principalmente en los colisionadores y aceleradores de partículas pesadas, como el LHC (Large Hadron Collider).

Hasta hace unos años, se buscaba una de las partículas fundamentales más importantes: El bosón de Higgs, un partícula imprescindible para que el modelo standard elaborado para explicar la estructura general de la materia de nuestro universo, fuera consistente.

Entre el 4 de Julio de 2012 y el 14 de marzode 2013 (aniversario del nacimiento de Einstein), se confirmaron diferentes experimentos que reafirmaron la existencia del Boson de Higgs.

Peter Higgs, es galardonado en octubre de 2013 con el premio Nobel, por sus aportes para el entendimiento del modelo standard.

A continuación se ofrece un panorama de las distintas partículas fundamentales que componen dicho modelo y las características que clasifican a cada partícula en Bosones y Leptones. También se muestran los quarks con sus nombres originales en inglés, así como la incorporación del Bosón de Higgs en este modelo.

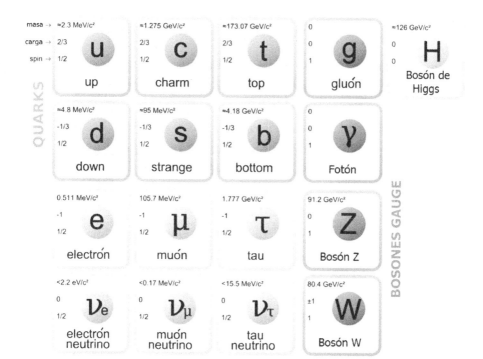

283

Filosofía de la Física, con Mario Bunge

Mario Bunge, nació en 1919 en Buenos Aires, Argentina. Se doctoró en Física en la Universidad de la Plata y fue profesor de Física Teórica y Filosofía en la UBA y posteriormente se estableció en Canadá en 1962 impartiendo clases de Filosofía en la universidad de McGill de Montreal.

Publicó más de 70 libros y artículos, vinculados principalmente al nexo entre la Física y la Filosofía. Se destacan sus libros: La ciencia, su método y su filosofía (1959) y su Tratado de Filosofía básica (1974 -1989) uno de los mayores emprendimientos intelectuales de los últimos tiempos. Mario Bunge recibió 20 doctorados honoríficos en las más prestigiosas universidades de América y Europa.

Para Bunge, tanto la Física como la Filosofía se benefician unas de otras, ya que la Física proporciona un marco de referencia y estructuras metodológicas sólidas para el análisis del pensamiento humano.

El lector podrá encontrar en la web, interesantes aportes de este gran pensador contemporáneo, que con la dosis justa de humor y gran convicción, comparte toda su sabiduría. Un notable Físico y Filósofo de la cuenca Rioplatense, que comparte su sabiduría con nosotros.

1. ¿Qué lo motivó a estudiar Física?

Como cuento en mis memorias, "Dos mundos" (Eudeba/Gedisa 2014) a los 17 años decidí estudiar Física en La Plata y Filosofía por mi cuenta, porque quería hacer Filosofía de la Física.

2. Ha escrito incontables artículos y libros sobre todo vinculados a la Filosofía y la Ontología. ¿Cómo llegó a interesarse por estos temas?

284

Lo que vi de la Filosofía en la UBA (neohegelianismo y Bergson) me disgustó por ser anticientífico. Los Físicos filosofan sin darse cuenta. En particular, son realistas y materialistas espontáneos, es decir, suelen dar por sentado que el universo existe sin ellos, y que sus constituyentes son materiales, no espirituales.

3. ¿Por qué se relaciona más el trabajo de los Físicos a la investigación teórica de sus leyes y conceptos o al trabajo en laboratorios experimentales?

En general, el trabajo científico es tan exigente, que muy pocos Físicos han tenido tiempo para hacer incursiones en la Filosofía. ♣

Cinco actividades sobre Física moderna

1. Paradoja de las gemelas. Zulema y Pepa son dos gemelas idénticas nacidas en el año 2000. Zulema se convierte en la primera astronauta uruguaya en visitar Alpha Centauri, nuestra estrella "vecina", ubicada a tan solo 4 años-luz. Parte en el año 2030 a una velocidad de 99,9% de la luz en un viaje de ida y vuelta. A su regreso, encuentra a Pepa, su hermana que se quedó en la Tierra, bastante diferente a lo que se ve ella. ¿En qué año regresa Zulema para los observadores de la Tierra? ¿Qué edad tiene cada hermana al encontrarse? ¿Dónde radica la paradoja?

2. El viajero. Una persona nacida en el año 1981 y de 70kg pasa el 50% de su vida en la Tierra viajando a una velocidad de 90% de la luz. ¿Cuál es su energía cinética y su densidad "aparente", respecto a su densidad en reposo, mientras viaja? ¿Qué edad aparenta en el año 2015?

3. Energía de Lincoln. Determine la masa de una moneda de cobre de 1 centésimo de dólar (la de Lincoln). Suponga que pudiera convertirse completamente en energía. Si una casa promedio consume mensualmente 500kWh, ¿Cuántas casas podrían abastecerse en un año con esta energía?

4. Física Solar. Nuestro Sol, emite luz con una longitud de onda máxima de 500nm. ¿Cuál es la temperatura en su superficie? Considerando exclusivamente la luz de esa longitud de onda, ¿qué energía cinética máxima poseen los electrones desprendidos por esos fotones en una placa de Sodio?

5. Ondas Electrónicas. ¿Cuál es la longitud de onda de un electrón que se desplaza a una velocidad de 1000m/s? ¿Y el de una persona moviéndose a 100km/h?

EPÍLOGO

Ha sido un gusto para mí, recorrer juntos este camino en la comprensión de nuestro universo a través de la Física y su enseñanza.

Como lo expresa el notable profesor Walter Lewin en sus cursos del MIT: *"Tal vez hayamos visto un arcoíris, ¿pero lo hemos observado realmente? ... yo quiero invitarlos a observar los arcoíris, a través de los lentes de la Física..."*

Walter Lewin, nos habla de cómo esta maravillosa disciplina, solo puede embellecer nuestra percepción del universo, un universo que responde a leyes matemáticas que no dejan de sorprender a miles de científicos que buscan incansablemente desentrañar sus misterios.

El lector habrá notado, y tal vez un poco decepcionado, que a lo largo de este libro, no hemos respondido a la gran pregunta: ¿Qué es la Física? O tal vez, ¿qué estudia la Física?

Pero responder esta pregunta, es como decirle a una persona que lee una novela o mira una película, lo que debe interpretar o sentir. Y es que para algunas personas, la Física es sencillamente una disciplina que debe aprobarse como parte de un determinado plan de estudios. Para otros, la Física puede representar una actividad intelectual desafiante e interesante, inclusive amena. Finalmente para algunos, como en mi caso, la Física representa una manera de percibir el mundo, es sorprenderse día a día con cada descubrimiento, con cada teoría que surge; es por qué no, una invitación a no perder jamás la curiosidad y el asombro, construyendo en cada paso una respuesta un poco más cercana a las cuestiones fundamentales: ¿Qué es el universo? ¿Cuál es nuestro propósito en él?

En mi humilde opinión, la Física siempre tendrá un papel fundamental el día que dejemos a un lado nuestras diferencias como seres humanos y nos acerquemos para definir nuestro futuro como especie y como exploradores del Cosmos.

BIBLIOGRAFÍA

"Fundamentos de Física".8^{tava} Ed.Resnick – Halliday – Walker.Ed.Wiley 2007.

"Física" Vol I &II. 6ta Ed. Tipler, Paul. Ed. Reverté, 2010.

"Por amor a la Física". Lewin, Walter. Free Press, 2011.

"Entre las galletas radiactivas y la máquina del tiempo". Díaz, Diego. IGSA, 2005

"Escuelas creativas". Robinson, Ken. Grijalbo, 2015.

"Psicología educativa". Ausubel, David. Trillas, 1998.

"Hacia una teoría de la instrucción". Bruner, Jerome. Ed. Hispano Americana, 1969.

"Estructuras de la mente". Gardner, Howard. Ed. Fondo de Cultura Económica, 1983.

"Peer Instruction: A user's manual". Mazur, Eric. Addison-Wesley, 1996

Soluciones de las actividades

Ha continuación se ofrecen algunas soluciones de las actividades propuestas al final de cada capítulo.

I. Herramientas Matemáticas

2. El valor (o la medida) 2,0m tiene más cifras significativas.

3. $\vec{F_1} + \vec{F_1} = 10N(\hat{\imath} + \hat{\jmath})(rectang.) = \langle 14N; \frac{\pi}{4}\rangle\ (polares);\ \vec{F_1} \cdot \vec{F_1} = 0;\ \vec{F_1} \times \vec{F_1} = 1000N^2\hat{k}$

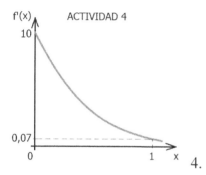

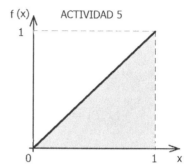

4.

$f'(x) = 10e^{-5x}$ 5. $\int_0^1 x\,dx = \frac{1}{2} = Área\ [f(x)]_{\{0;1\}}$

II. Mecánica

1. Las gráficas son las siguientes:

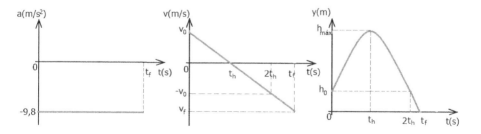

2. Se encuentran luego de 1,1s a una distancia de 1,1m del borde inferior del tobogán.

3. $v_0 = \frac{(m+M)}{m}\sqrt{2gh}$ 4. La esfera llega primero, luego el cilindro y
finalmente el aro. 5. $\Delta h = \frac{(M - \pi\rho_a R^2 L)gh}{Y_{Ac}\pi r^2}$

III. Termodinámica

2. $T_f = 8{,}2°C$ 3. $\Delta t \approx 22min$

4. $P_f = P_0$ $Q = \frac{3 + 2Ln(2)}{2}(nRT_0)$

IV. Óptica y ondas

1. Ambos ángulos tienen un valor de 60°.   2. $\theta = 70°$

3. $D_i = -2{,}2cm$ $h = +0{,}55cm$. Imagen Derecha, Virtual y Reducida.

4. $f = 5{,}0Hz$; $\omega = 10\pi s^{-1}$; $T = 0{,}20s$; $\lambda = 40m$; $k = \frac{\pi}{20}m^{-1}$

$$y(x,t) = 0{,}0050m\left(\frac{\pi}{20}x \pm 10\pi t + \varphi\right)$$

5. $P = 5{,}0mW$

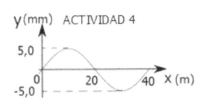

V. Electromagnetismo

1. $L \geq \frac{Q}{2}\sqrt{\frac{k}{T}}$

2. $\vec{E}(x) = \begin{cases} -\frac{\sigma}{\varepsilon_0}\hat{\imath} & ; \ \forall x < 0 \\ 0 & ; \ 0 \leq x \leq d \\ +\frac{\sigma}{\varepsilon_0}\hat{\imath} & ; \ \forall x > 0 \end{cases}$

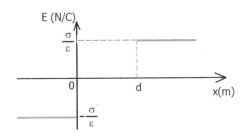

3. $V = \frac{\lambda}{2\pi\varepsilon_0}Ln\left(\frac{r_0}{r}\right)$; $C = \frac{2\pi\varepsilon_0 L}{Ln\left(\frac{r_0}{r}\right)}$

siendo r_0, la posición (radial) donde se toma el potencial nulo. El sistema es similar a un cable coaxial, imagine que en r_0 se coloca la malla conductora que rodea al cable.

4. Se pueden formar 8 combinaciones diferentes. Es interesante resolverlo también por combinatoria, verifique que:

$$N = 2C_3^3 + C_2^3 + C_2^3 = 8$$

5. $B(t) = 0{,}63e^{-0{,}1t}$; $\varepsilon_i(t) = 2{,}0e^{-0{,}1t}$

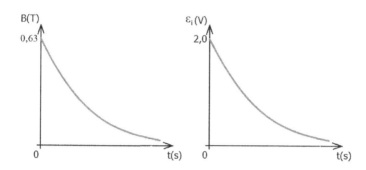

VI. Física Moderna

1. Zulema regresa en el año2038 encontrando a Pepa con 38 años, sin embargo ella continúa con 30 años, el viaje ha durado en su sistema de referencia, tan solo 4meses y 8días. Para responder dónde radica la paradoja, reflexione acerca de cuál sistema de referencia dejó de ser inercial en algunos momentos.

2. $K = 8{,}1 \times 10^{18}J$; $\rho' = 5{,}2\rho_0$; El viajero aparenta 24años.

3. $E = 2{,}8 \times 10^{14}J$; Se podrían abastecer unas 13000 casas.

4. $T = 5800K$; $K = 0{,}1eV$ 5. $\lambda_e = 727nm$; $\lambda_p \approx 10^{-37}m$

Para conocer más sobre el Fascinante mundo de la Física ingrese a:

www.fisicamaldonado.wix.com/libro-fisica

www.fisicamaldonado.wordpress.com

Si le gustó el libro o si desea dejar sugerencias y comentarios, lo invitamos a visitar **"El fascinante mundo de la Física" en Amazon** y dejar su reseña. Muchas gracias!

Made in United States
Orlando, FL
02 April 2024